砂糖橘

高效栽培关键技术彩色图说

潘文力　黄文东　编著

U0263166

SPM 南方出版传媒
广东科技出版社 ｜ 全国优秀出版社
·广　州·

图书在版编目（CIP）数据

砂糖橘高效栽培关键技术彩色图说 / 潘文力，黄文东编著.
广州：广东科技出版社，2019.9
（"金土地"新农村书系·果树编）
ISBN 978-7-5359-7170-8

Ⅰ．砂…　Ⅱ．①潘…　②黄…　Ⅲ．橘－果树园艺－图解
Ⅳ．S666.2-64

中国版本图书馆 CIP 数据核字（2019）第 141808 号

砂糖橘高效栽培关键技术彩色图说
Shatangju Gaoxiao Zaipei Guanjian Jishu CaiseTushuo

出　版　人：朱文清
责任编辑：罗孝政
封面设计：柳国雄
责任校对：蒋鸣亚
责任印制：彭海波
出版发行：广东科技出版社
　　　　　（广州市环市东路水荫路 11 号　邮政编码：510075）
销售热线：020-37592148 / 37607413
http：//www.gdstp.com.cn
E-mail：gdkjzbb@gdstp.com.cn（编务室）
经　　销：广东新华发行集团股份有限公司
印　　刷：广州一龙印刷有限公司
　　　　　（广州市增城区荔新九路 43 号 1 幢自编 101 房　邮编：511340）
规　　格：889mm×1 194mm　1/32　印张 5.75　字数 140 千
版　　次：2019 年 9 月第 1 版
　　　　　2019 年 9 月第 1 次印刷
定　　价：39.80 元

内容简介

Neirongjianjie

　　本书系统总结了作者多年来对砂糖橘栽培技术的研究和指导生产的实践经验，以简洁易懂的文字、丰富的彩色图片全面介绍了砂糖橘高效栽培关键技术，内容包括砂糖橘生物学特性、主要品种品系、苗木培育技术、建园技术、丰产树冠培养技术、土肥水管理技术、健壮秋梢培养技术、促花促果技术、整形修剪技术、果实品质提高技术、树上留果保鲜技术、树体防护技术、病虫害防治技术，以及果实采收、保鲜与贮运技术等。书中重点突出了各项关键技术，如控梢促花、保花保果、树上留果保鲜、果实品质提高等技术。同时，在书末收录了砂糖橘幼年树、结果树周年管理历以及农业部行业标准《NY/T869—2004 砂糖橘》，方便读者查阅，具有技术先进、措施得当、文字通俗、可操作性强等特点，适合广大果农、农业技术人员和相关农业院校的师生阅读参考。

目 录
Mulu

一、砂糖橘生物学特性

（一）器官及机能·······························1

  1. 叶···································1

  2. 枝梢·································1

  3. 根···································3

  4. 花···································3

  5. 果···································5

（二）生命周期································6

  1. 幼年期·······························6

  2. 结果初期·····························7

  3. 盛果期·······························7

  4. 老龄期·······························8

（三）对环境条件的要求·····················8

  1. 温度·································8

  2. 光照·································10

  3. 水分·································10

  4. 土壤·································13

  5. 风···································13

二、砂糖橘主要品种品系

（一）普通砂糖橘···15

（二）四倍体砂糖橘··17

（三）无核砂糖橘···17

三、砂糖橘苗木培育技术

（一）砧木的选择···20

    1．江西红（朱）橘··21

    2．酸橘··21

    3．枳··22

    4．红檬檬··22

（二）一般嫁接苗的培育···22

    1．实生砧木的培育··22

    2．嫁接苗的培育··24

    3．苗木出圃··26

（三）无病苗木的培育···26

    1．母本树的选择··26

    2．母本树病毒鉴定··26

    3．脱毒苗木的培育··27

    4．无病毒苗木三级繁育体系······································27

    5．无病虫良种苗木的培育··27

四、砂糖橘建园技术

（一）丘陵山地建园 …………………………………………29

（二）平地建园 …………………………………………………31

（三）科学定植 …………………………………………………34

    1. 种植密度 …………………………………………………34

    2. 种植时期 …………………………………………………34

    3. 种植前的准备 ……………………………………………34

    4. 种植方法 …………………………………………………34

    5. 植后管理 …………………………………………………36

    6. 大苗和大树移植 …………………………………………36

五、砂糖橘丰产树冠培养技术

（一）第一年管理 ………………………………………………38

    1. 种后至夏梢前的管理 ……………………………………38

    2. 夏梢期的管理 ……………………………………………43

    3. 秋梢期的管理 ……………………………………………44

    4. 冬季管理 …………………………………………………46

（二）第二年管理 ………………………………………………48

    1. 春梢期管理 ………………………………………………48

    2. 夏梢期管理 ………………………………………………49

    3. 秋梢期管理 ………………………………………………50

（三）注意事项⋯⋯⋯⋯⋯⋯⋯⋯⋯⋯⋯⋯⋯⋯⋯⋯52

    1. 果园生草⋯⋯⋯⋯⋯⋯⋯⋯⋯⋯⋯⋯⋯⋯⋯52

    2. 合理施肥⋯⋯⋯⋯⋯⋯⋯⋯⋯⋯⋯⋯⋯⋯⋯53

六、砂糖橘结果树土肥水管理技术

（一）土壤管理⋯⋯⋯⋯⋯⋯⋯⋯⋯⋯⋯⋯⋯⋯⋯⋯55

    1. 扩穴改土，深施有机肥⋯⋯⋯⋯⋯⋯⋯⋯⋯55

    2. 间种⋯⋯⋯⋯⋯⋯⋯⋯⋯⋯⋯⋯⋯⋯⋯⋯⋯56

    3. 培土、培肥、深耕⋯⋯⋯⋯⋯⋯⋯⋯⋯⋯⋯56

（二）营养及施肥⋯⋯⋯⋯⋯⋯⋯⋯⋯⋯⋯⋯⋯⋯⋯56

    1. 砂糖橘主要营养元素缺乏的原因、症状及矫治⋯57

    2. 施肥时期⋯⋯⋯⋯⋯⋯⋯⋯⋯⋯⋯⋯⋯⋯⋯58

    3. 施肥方法⋯⋯⋯⋯⋯⋯⋯⋯⋯⋯⋯⋯⋯⋯⋯63

（三）排水和灌水⋯⋯⋯⋯⋯⋯⋯⋯⋯⋯⋯⋯⋯⋯⋯65

    1. 不同季节的水分管理⋯⋯⋯⋯⋯⋯⋯⋯⋯⋯65

    2. 合理灌溉⋯⋯⋯⋯⋯⋯⋯⋯⋯⋯⋯⋯⋯⋯⋯66

    3. 及时排水⋯⋯⋯⋯⋯⋯⋯⋯⋯⋯⋯⋯⋯⋯⋯68

    4. 防涝害⋯⋯⋯⋯⋯⋯⋯⋯⋯⋯⋯⋯⋯⋯⋯⋯68

七、砂糖橘结果树健壮秋梢培养技术

（一）适时放秋梢⋯⋯⋯⋯⋯⋯⋯⋯⋯⋯⋯⋯⋯⋯⋯70

（二）秋梢期的肥水管理⋯⋯⋯⋯⋯⋯⋯⋯⋯⋯⋯70

（三）夏剪促梢 …………………………………………… 70

（四）新梢保护 …………………………………………… 71

八、砂糖橘结果树促花保果技术

（一）控冬梢促花技术 …………………………………… 72

    1. 控制水分 ………………………………………… 72

    2. 断根促花 ………………………………………… 72

    3. 药物促花 ………………………………………… 73

    4. 环割或扎铁丝促花 ……………………………… 73

    5. 弯枝及扭枝 ……………………………………… 74

（二）保花保果技术 ……………………………………… 74

    1. 落蕾、落花、落果原因 ………………………… 75

    2. 保花保果措施 …………………………………… 75

九、砂糖橘结果树整形修剪技术

（一）修剪时期 …………………………………………… 79

    1. 冬季修剪 ………………………………………… 79

    2. 夏季修剪 ………………………………………… 80

（二）几种枝条的处理 …………………………………… 80

    1. 徒长枝处理 ……………………………………… 80

    2. 下垂枝处理 ……………………………………… 81

    3. 荫蔽枝处理 ……………………………………… 81

4. 丛状枝处理 ··· 81

5. 结果枝和结果母枝处理 ································ 82

（三）不同类型结果树的修剪 ································ 82

1. 稳产树的修剪 ······································· 82

2. 大年树的修剪 ······································· 82

3. 小年树的修剪 ······································· 83

4. 衰弱老树的更新 ····································· 83

十、砂糖橘果实品质提高技术

（一）适地栽种 ·· 87

（二）连片种植 ·· 87

（三）科学应用农业技术 ······································ 87

1. 合理施肥 ··· 87

2. 合理管理土壤水分 ································· 88

3. 重视整形修剪 ······································· 88

4. 及时合理疏果 ······································· 89

十一、砂糖橘树上留果保鲜技术

（一）加强肥水管理 ·· 91

1. 重施有机肥 ··· 91

2. 适时排灌水 ··· 91

（二）合理把握留果时间 ······································ 91

（三）防止果实受冻·······································92

（四）适时喷药防病·····································92

十二、砂糖橘树体保护技术

（一）防台风害···93

（二）防冻害···94

（三）靠接增根···94

十三、砂糖橘病虫害防治技术

（一）主要病害···97

  1. 柑橘黄龙病·······································97

  2. 柑橘炭疽病······································100

  3. 柑橘黄斑病······································102

  4. 柑橘油斑病······································104

  5. 柑橘溃疡病······································104

  6. 柑橘疮痂病······································106

  7. 柑橘树脂病······································107

  8. 柑橘裙腐病······································109

  9. 柑橘黑星病······································110

  10. 柑橘煤烟病·····································111

  11. 柑橘根结线虫病·································112

  12. 青霉病和绿霉病·································113

13. 柑橘蒂腐病 ……………………………………115

14. 柑橘黑腐病 ……………………………………116

15. 日灼病 …………………………………………116

16. 裂果病 …………………………………………117

（二）主要虫害 ……………………………………119

  1. 柑橘红蜘蛛 ……………………………………119

  2. 锈蜘蛛 …………………………………………120

  3. 柑橘潜叶蛾 ……………………………………122

  4. 柑橘卷叶蛾 ……………………………………123

  5. 吸果夜蛾 ………………………………………124

  6. 柑橘木虱 ………………………………………126

  7. 橘蚜 ……………………………………………127

  8. 黑刺粉虱 ………………………………………127

  9. 褐圆蚧 …………………………………………129

  10. 糠片蚧 ………………………………………130

  11. 吹绵蚧 ………………………………………131

  12. 堆蜡粉蚧 ……………………………………132

  13. 柑橘星天牛 …………………………………133

  14. 光盾绿天牛 …………………………………135

  15. 褐天牛 ………………………………………136

  16. 柑橘小实蝇 …………………………………137

  17. 象鼻虫类 ……………………………………139

  18. 金龟子类 ……………………………………140

  19. 柑橘尺蠖 ……………………………………141

20. 柑橘凤蝶 ·· 143

21. 角肩椿象 ·· 144

22. 柑橘芽瘿蚊 ······································ 145

十四、砂糖橘果实采收、保鲜与贮运技术

（一）果实采收 ······································ 147

  1. 适期采收 ······································ 147

  2. 采收条件 ······································ 147

  3. 采收操作 ······································ 147

（二）保鲜或商品化处理 ···················· 148

  1. 清洗液 ·· 148

  2. 清洗操作 ······································ 148

  3. 风干 ·· 148

  4. 打蜡 ·· 149

  5. 果实分级 ······································ 149

  6. 包装 ·· 149

  7. 运输与贮藏 ·································· 149

附录1 砂糖橘幼年树周年管理历 ·············· 151

附录2 砂糖橘结果树周年管理历 ·············· 157

附录3 农业部行业标准 NY/T 869—2004 砂糖橘 ·············· 163

一、砂糖橘生物学特性

（一）器官及机能

1. 叶

砂糖橘叶片卵圆形，先端渐尖，一般长 8 厘米，宽 3.3 厘米，不同梢期差别颇大。叶缘锯齿明显，叶深绿色，行光合、贮藏、蒸腾、吸收作用。叶片背面有许多气孔，叶面几乎无气孔。气孔开闭受光影响，并有吸收许多种养分如速效氮、磷、钾、硼、锌、镁等作用，叶面喷布根外追肥就是利用其吸收功能。

砂糖橘叶片正常寿命 12 个月左右，山区种植少数叶片寿命可达 24 个月以上。在生产中，延长叶片寿命、保叶过冬是砂糖橘连年丰产的保障。

2. 枝梢

砂糖橘的枝梢由嫩梢顶芽自剪（又称"自枯"）后生成。顶芽自剪后使主枝易分侧枝，形成矮生枝。枝梢按生长季节，分为春梢、夏梢、秋梢（图1、图2）和冬梢。每次梢从萌发到老熟历时 40~50 天，再经 10 天左右的营养积累，才可萌发好下一次梢。故生产上，采用抹芽控梢技术达到"一开二三"标准来放好夏梢、秋梢。

若以一年中是否继续抽

图 1　秋梢是砂糖橘优良的结果母枝

图2 秋梢叠可扩大树冠，增加结果母枝

生新梢来区分，枝梢又可分为一次梢、二次梢和三次梢。一年只抽一次梢，称一次梢，如春梢、夏梢和秋梢。二次梢是一年抽二次梢，如春梢上当年再抽夏梢，称春夏梢，夏梢上当年再抽秋梢，称夏秋梢等。一年中抽三次梢，称三次梢，如春梢上当年抽夏梢，夏梢上当年又抽秋梢。若以生长结果与否来区分枝梢，又可分为结果枝、结果母枝、生长枝和徒长枝（图3）。砂糖橘春梢、夏梢、秋梢都能成为翌年良好的结果母枝，粗壮的结果母枝坐果率高，常可

图3 砂糖橘徒长枝

结成果球。由主干上的分枝，称一级分枝，在第4级分枝便开花结果，因此一年多抽发新梢，增加分枝级数，可提早结果。

3. 根

砂糖橘根系分主根、侧根和须根，一般没有根毛，几乎完全依赖菌根吸收养分和水分。根系多生长在距土表10~45厘米的土层中（占总量八成），最深达1米以上（图4）。

图4 根系在施肥穴中的分布

根系生长与新梢抽生是相互交替的，每次新梢生长老熟后，根系才开始大量生长。在年周期内，根系有3个生长高峰期：第一次是春梢老熟后，发根量是全年最多的；第二次是夏梢老熟后，因发梢次数等原因，发根量是全年最少的；第三次是秋梢老熟后，发根量是全年中等的。根系再生能力强，夏季断根后能半个月内长出新根。

根系生长需要适宜的土、肥、气、热条件。根系在土温10℃以上时开始生长，最适宜土温是23~31℃，超过37℃便停止生长。因此，亚热带地区主要要防止夏季高温超过37℃，要做好覆盖芒萁、杂草降温等工作，亦可用生草法栽培，来创造适合根系生长的环境。

4. 花

砂糖橘的花是完全花，凡花器发育不完全的称为畸形花（如露柱花、雌蕊退化花）。自花授粉时会产生自花不孕从而产生无核果；而授粉受精后，坐果率高且裂果少，果形也较大，种子亦较多。生产园与其他有核柑橘类混种，所结果实种子较多，故规划种植时以单一品种栽培为好。

砂糖橘花枝主要类型有无叶花序枝（图5）、有叶单顶花枝（图6）、叶腋花枝（图7）和有叶花序枝（图8），其中以叶腋花枝结果最好。

图5 无叶花序枝

图6 有叶单顶花枝

图7 叶腋花枝

图8 有叶花序枝

5. 果

砂糖橘从子房发育到果实成熟，一般需要230天左右，期间经历第一次生理落果（图9）、第二次生理落果（图10）和后期落果。第一次生理落果带果柄脱落，历时半个月左右。第二次生理落果在蜜盘处脱落，一般至7月上中旬结束。一般果园第一次生理落果较少，第二次生理落果多且持续时间长，以后由于裂果（图11）等原因产生后期落果，直至果实成熟采收。

砂糖橘果皮由外果皮和中果皮组成，外果皮薄，覆盖在果皮最外层，中果皮分黄色层及白色层两层，

图9 谢花后第一次生理落果期

图10 第二次生理落果

图11 裂果

黄色层内散布突起的圆点是油胞，渐至中部为白色层，砂糖橘几乎没有此层，故皮薄，易裂果。内果皮形成半圆形瓤瓣，是砂糖橘的果肉部分，瓤瓣内的毛状细胞形成汁胞，内充满果汁，为砂糖橘的食用部分，果心空（图12）。

（二）生命周期

1. 幼年期

幼年期特点是枝梢和根系迅速生长，扩大树体，当生长至第4级分枝后，即会形成花芽，翌年开花结果。主要生产措施有：加强水肥管理，增施有机肥改土，采用抹芽放梢技术促进分枝，尽早形成早结丰产树冠

图12 果实剖面

（图13）。当二年生树高超过1米，并有百余条末级分枝标准梢后，第

图13 砂糖橘幼年树

6

三年即可挂果 3~7.5 千克。

2. 结果初期

结果初期是幼年期转入生长结果时期。特点是新梢生长旺盛，树冠继续扩大，根系向深层及周围扩展快，初果期的果实较大，皮稍厚，味较淡，果着色迟。砂糖橘的初果期 2~3 年（图 14）。这一时期的农业技术要求是促花保果，人工控夏梢保果工作量最大。要加强根系和树冠的培育，提高树体负担能力，迅速提升单位面积产量。

图14 砂糖橘初结果树

3. 盛果期

盛果期特点是新梢生长渐弱，树冠扩展慢，枝叶茂盛，大量结果达到最高峰；树冠上下各枝序间常出现交替结果，有大小年结果现象。主要生产措施是：加强水肥管理，并注意更新修剪，调节梢果关系，防止大小年结果，延长盛果年限（图 15）。此时期的长短因立地条件和

图15　砂糖橘盛产期树

管理水平而异。

4. 老龄期

又称衰老更新期，是盛果期的延续（图16、图17）。特点是：新梢生长减弱，枯枝增多，常出现衰弱枝群；其骨干枝先端亦开始干枯，花多，但落花落果多，呈现伞形结果，产量逐年下降。此期的主要生产措施是：进行土壤深耕施肥，更新根系，同时采用一年两剪（冬剪和夏剪）更新骨干枝，有计划地培养更新枝，复壮树势，增加产量，延长结果年限。

（三）对环境条件的要求

1. 温度

砂糖橘原产地属亚热带南端，虽可耐 -5℃的低温，但温度降至

图 16　砂糖橘老龄树

图 17　砂糖橘衰退树

图18　低温霜冻受害果

0℃时，成熟果实即会受冻。若加冷雨，则受冻更严重（图18）。因此，生产供应春节的"叶橘"，经济栽培区是较窄的。若不以此为目的生产地，则可以放宽，但品质会下降。广西柑橘研究所对砂糖橘果实的分析表明，桂南、桂北差异较大（表1）。灵山在12月中旬果实仍为橘黄色，而肉质达到了砂糖橘固有品质。

表1　广西不同地域砂糖橘果品理化性状

项目	桂南（灵山）	桂北（桂林）		桂北（全州）
可溶性固形物/%	15.80	14.50	14.10	13.45
柠檬酸/%	0.440	0.664	1.39	0.68
固酸比	35.90	21.80	18.14	19.70
可食率/%	71.24	65.53	71.41	71.18

2. 光照

砂糖橘较甜橙类耐阴，许多长寿果树都生长在日照时间较短的山区中，且生产出优质的果实（图19）。但光照不足，树体过于荫蔽，则叶片薄，内膛枝易枯，树体营养差，果实着色不良，产量低，品质差，花芽形成不良。反之，光照充足的果园，则可生产优质高产果品，但夏季光照过强，易造成日灼。地处亚热带南端的砂糖橘产区日照充足，可满足需要，栽培上要做到趋利避害（图20）。

3. 水分

砂糖橘原产于雨量充沛的夏湿区，周年需水量较大，一般年降水量在1 500毫米左右为宜。但亚热带因降水量分布不均，秋冬季易出现干旱，需要灌溉。而夏秋季干旱过久，遇骤雨或人工大水灌溉，果

图19 山区很适合砂糖橘生长结果

图20 砂糖橘内膛枝结果，易生产"起砂"优质果

肉吸水迅速膨大，果皮生长跟不上，会引起裂果，生产上要做好开沟排水、灌水工作（图21、图22）。栽种于雾多地域的砂糖橘，果皮薄而光滑，色泽艳丽，果实品质佳；而缺水，则果形小，果汁少，糖低酸高，果实品质差。

图21 开沟排水，降低地下水位

图22 暴雨后果园出现水浸现象

4. 土壤

砂糖橘对土壤适应性很广，但以土层深厚、肥沃、保水、排水良好的沙壤土较好。

砂糖橘对土壤的要求是土层深 1 米以上，有机质丰富，果园有机质含量 2% 以上，土壤 pH 为 5.5~6.5 的微酸性最好。土壤结构要求疏松，以中沙壤土较好，做到能排能灌。土壤的孔隙度在 10% 以上，若低于 7% 时，根系生长差，低至 1% 时根生长很困难。在水田开园时，需从山上取沙质土运至田地进行改土。对黏质土则要掺沙子，达到疏松土壤、促进砂糖橘根系生长的目的（图 23）。

图 23 果园客土改土

5. 风

微风有利于果园空气流通，提高植株蒸腾、呼吸和光合作用，并可减轻冬季霜冻和夏季高温为害，有利于砂糖橘生长；大风和强风则会对砂糖橘造成伤害（图 24）。产区若常发生大风或热带风暴，果树易受害，轻则果皮擦伤，重则落叶、落果、折枝和吹倒树体。冬季的干旱北风易导致砂糖橘叶肉陷缩病，叶干缩而致大量落叶，影响植株生势，使花芽分化不正常。

图24 大风引起的风伤果

二、砂糖橘主要品种品系

砂糖橘在长期的栽培中由于芽变等形成了数个品种品系，目前最有价值的首推无（少）核砂糖橘新品种品系（图25）。

图25 砂糖橘早结丰产园

（一）普通砂糖橘

砂糖橘树势强壮，树冠圆锥状圆头形，主干光滑，黄褐色至深褐色，枝较小而密集。叶片卵圆形，叶缘锯齿明显，叶宽，叶色深绿，叶面光滑，油胞明显。花白色，花形小，花径2.5~3厘米，花瓣5个，花丝分离，12枚，花柱高17厘米左右，雌雄同时成熟。果实11月下

15

图26 砂糖橘果枝

旬至翌年1月中旬成熟，果实扁圆形，单果重30~80克，果皮鲜橘红色，果顶平，脐窝小而呈浅褐色，果蒂部平圆、稍凹，油胞圆、密度中等、稍凸（消费者称之为"起砂"），果面平滑（亦有微凹凸者），有光泽（图26）。果皮薄而稍脆，果皮厚度0.23厘米，白皮层薄而软，极易与果肉分离，瓤瓣7~10片，半圆形，大小一致，排列整齐，中心柱大，中空。瓤衣薄，极易溶化。汁胞呈不规则多角形，橙黄色，质极柔软，果汁多，味浓甜，化渣，特有香气浓郁。每100毫升果汁含糖11~13克、柠檬酸0.35~0.50克、维生素C 24~28毫克，可溶性固形物含量10.5%~15%，固酸比20~40（表2）。种子0~6粒。连片单一品种种植，可生产无（少）核优质果，与其他有种子品种混种果实会有较多种子。

表2 不同品种品系砂糖橘果实理化性质

品种品系单株	可溶性固形物/%	柠檬酸/%	固酸比	可食率/%
国家理化指标	10.0~12.0	0.35~0.50	20.0~34.0	65~75
无核砂糖橘	13.7	0.385	35.58	76.20
天堂砂糖橘	11.0	0.306	35.06	75.26
四会砂糖橘	12.0	0.317	37.80	78.93
四倍体砂糖橘	13.0~14.3	—	—	—

二）四倍体砂糖橘

20世纪80年代，华南农业大学陈大成等教授以嫁接苗为材料，通过秋水仙素进行诱变处理而获得的四倍化突变体育成的。其主要特征：一是果大，单果重72.8克，果形指数0.75，扁圆形，果皮厚0.24厘米，着色稍早于对照原种，果皮鲜橙红色。二是品质好，果肉多汁，化渣，味清甜，有浓香，可溶性固形物含量13%~14.3%（表2）。三是少核，单果种子4.85粒，属少核品种，对照原种为15.1粒。四是早结丰产性好，与原种同。四倍体砂糖橘是生产大果形少核果的优良品系。

三）无核砂糖橘

无核砂糖橘是由华南农业大学与四会市石狗镇经济实业发展总公司合作在该镇选出的（图27、图28）。果实扁圆形，单果重40~45克，较小，果皮橘红色，顶部平，顶端浅凹，柱痕呈不规则圆形，蒂部微

图27　无核砂糖橘结果状（王心燕　提供）

图 28 无核砂糖橘的果枝（王心燕 提供）

图 29 无核砂糖橘果实剖面

凹，果皮薄而脆，油胞突出、明显、密集，似鸡皮，皮厚 0.2 厘米，易剥离，瓤瓣 10 个，大小均匀，半圆形，中心柱大而空，汁胞短胖，呈不规则多角形，橙黄色，果汁丰富，芳香强烈，清甜，带微酸，化渣性好，风味极佳。种子数 0.5 粒以下（图 29）。其理化性状除果实略小、还原糖含量低于普通砂糖橘外，其余均比普通砂糖橘高。在生产上应尽量单一品种种植，如果与有核柑橘品种一起种植，品种间的距离要求 15 米以上。

该品种发梢力强，一般一年长 4 次梢，若水肥充足，可长 5~6 次新梢。秋梢长 15~20 厘米，是翌年的结果母枝。植株顶部枝萌梢力强，每抹一次芽，一条梢可长出 10 多条新梢。3 月底谢花后出现第一次生理落果；谢花后 25 天左右，会出现非常严重的第二次生理落果，是保果的重点期。本种属早结、丰产、稳产的类型，成年树单株产量 50~80 千克。

三、砂糖橘苗木培育技术

（一）砧木的选择

砧木和砂糖橘的产量、品质、树冠大小、树体抗逆性及寿命等都有密切关系（表3、表4）。砂糖橘目前主要采用酸橘及红橘（江西、四川、湖南等省出产）和枳作为砧木，也有的用红檬檬等。

表3　不同砧木砂糖橘果品质分析

砧木	树龄/年	单果重/克	果皮厚/厘米	可食率/%	可溶性固形物/%	柠檬酸/%	固酸比
红橘	6	47.2	0.234	75.8	12.5	0.340	36.76
枳	6	46.7	0.212	78.9	12.0	0.312	37.85
酸橘	8	48.4	0.248	73.20	12.0	0.249	48.40
红檬檬	4	68.4	0.270	63.12	11.5	0.249	46.18
圈枝	5	43.9	0.230	75.80	11.5	0.328	35.1
酸橘	25	45.0	0.234	71.26	11.0	0.306	36.0

注：全部果实无核。

表4　三种砧木对砂糖橘生长结果的影响

砧木	树冠/米	株高/米	株产/千克	单果重/克	可溶性固形物/%	种子/粒	品质评价
四川红橘	1.8	1.7	9.5	43.3	14.0	0.3	味清甜，稍酸
枳壳	1.5	1.5	16.3	40.5	15.1	0.2	味清甜，低酸
红檬檬	1.8	1.7	15.5	48.9	13.1	0.3	味清甜，偏淡

注：树龄：4年生，产量：10月估产。

1. 江西红（朱）橘

主产江西三湖，近年亦用四川江津等地产的川红橘。用该砧木嫁接砂糖橘，亲和性好，树势中等，早结丰产，果品优良，适于水田、平地丘陵山地种植（图30）。在25°以下坡度山地果园用川红橘砧尤为适合。

图30 江西红橘砧愈合口平滑，植株稍高

2. 酸橘

广东软枝酸橘是优良的砧木（图31），与砂糖橘亲和性好，速生快长，树势壮旺，根群发达，细根多。在平地、丘陵山地种植结果良好，果实品质优，在山地表现抗旱力较强。但早期

图31 酸橘砧愈合口光滑，植株高大

结果促花措施要落实，才能早结丰产。

3. 枳

枳是砂糖橘的优良砧木，早结丰产性强（图32）。嫁接表现：果实色泽橘红鲜艳，品质优，根群发达，须根多。适于水田、平地、丘陵山地栽培。其中小叶系枳砧砂糖橘树头粗大，植株矮化，树冠紧凑，适宜高密度种植（图33）。

图 32　枳砧树头呈南瓜状，植株长势中等

图 33　小叶系枳砧树头粗大，植株矮化

4. 红檬檬

红檬檬俗称红柠檬，嫁接砂糖橘亲和性好（图34）。植后生长快，早结丰产性强，根系分布浅，吸肥力强，耐旱力稍差，果实大，皮厚，色泽好，但初结果树果实品质稍差。适于水田、平地栽培。

图 34　红檬檬砧穗亲和，适于平地水田种植

（二）一般嫁接苗的培育

1. 实生砧木的培育

种子最好来自无黄龙病地区。为了消灭种子带的病菌，可用热水浸种。先将种子放入 40~45℃的热水中预热 15~20 分钟，再放到 54~55℃热水中浸 50 分钟，然后捞起晾干播种。

播种在秋冬季进行。播种采用撒播，然后撒上细土盖住种子，再盖上 0.8 厘米厚的干净粗河沙，以利于发根，最后盖上稻草或塑料薄膜保温保湿。每亩种子用量：红橘 30~40 千克，枳 60~70 千克，红檬檬 15~20 千克。

播种圃遇天旱要淋水保湿，雨天要及时排除积水（图 35、图 36）。幼苗长出 3~4 片真叶时可施 20% 腐熟人畜粪尿水，随着苗木长大，可

图 35　播种圃

图 36　揭草后

适当提高浓度，一个月施肥 3 次左右。苗期及时防治立枯病、折腰病，以及为害叶片的蝶、蛾类害虫。

当苗高 13 厘米、真叶 12 片时，便可移苗。起苗前要灌足水，以能用手拔起小苗，保持根系完整为度，并立即蘸稀薄泥浆护根。移植圃按播种圃准备好，株行距 13 厘米 ×20 厘米，每亩移栽 2 万株苗。种苗时要求根部与土壤紧贴，压实，以淋足定根水后苗不歪倒为宜。移苗后要经常淋水保湿，直至生势恢复，移苗后 20 天即可施稀薄水肥，一个月施 2 次。需经常抹除苗茎高 10 厘米以下的萌芽，以保持茎部光滑。

2. 嫁接苗的培育

嫁接时间多在冬春季，亦可在夏秋季进行。先要选择品种纯正、无黄龙病的良种母本树或其后代苗上剪接穗。接穗用 1 000 单位盐酸四环素溶液或青霉素溶液浸 2 小时消毒。经消毒处理的接穗要用清水冲洗干净，最好于 2 天内嫁接完。需要防治溃疡病的，则用硫酸链霉素 750 单位加 1% 酒精浸泡半小时进行杀菌；有介壳虫、红蜘蛛等害虫的，则可用 0.5% 洗衣粉洗擦芽条，并用清水冲洗干净。

剪砧通常在嫁接前进行（图 37）。砂糖橘的嫁接方法主要采用单芽切接和小芽腹接两种接法。采用单芽切接，嫁接时在芽点下约 1.3 厘米处向前约 45° 角削一刀，翻向平整一面，在贴芽点处向前削出平滑的皮层，不带木质部，然后在芽点上约 0.2 厘米处将接穗削断，用盛有清水的盆装削下的芽（图 38）。在砧木离地面 6~8 厘米处斜削去上

图 37 剪砧

图 38 削芽

部，在斜面下方用刀在皮层与木质部交界处向下纵切一刀，长度比接芽削面略短 0.3 厘米。削好后，即可将芽以形成层对准削面粘上，再用薄膜带包扎好（图39、图40）。

图39　放芽

图40　包扎

　　嫁接苗管理：要及时解膜、除萌；勤施、薄施追肥；及时进行病虫害防治（图41）。在春梢超过 15 厘米长时摘心，促发夏梢。夏梢老熟后，在 20 厘米处剪顶为主干，在主干上促发分枝，于不同方位选 3 条左右壮梢留作主枝，其余全部抹除（图42）。

图41　发芽出梢

图42　成苗

3. 苗木出圃

嫁接苗经过 8 个月左右生长，苗木主茎直径 0.8 厘米以上，有 2~3 次梢老熟，一般主枝 3~4 条且分布均匀，便可出圃。秋梢老熟后或春梢萌发前和老熟后是较好的出圃时间。具体苗木分级标准见表 5。

表5　广东橘类嫁接苗分级标准（国家标准）

砧木	级别	苗木茎粗/厘米	分枝数/条	苗高/厘米
枳	1	≥0.9	3	≥45
	2	≥0.8	2	≥35
酸橘	1	≥1.0	3~4	≥50
红橘	2	≥0.8	2	≥40

注：砂糖橘若是新栽苗，出圃较早，标准略比国家标准低，挖苗时要保证有 20 厘米以上的根系，砧穗亲和愈合好。

起苗前灌水 2~3 次，一般采用裸根起苗，亦有带泥团挖起的。裸根苗要用稀泥浆根，然后数十株一捆用稻草或薄膜包扎好以便保湿；带泥挖起的苗要用薄膜袋包扎好。

（三）无病苗木的培育

无病苗木培育是指无柑橘黄龙病等病毒类苗木培育，主要技术有：湿热空气和盐酸四环素等抗生素的脱细菌病类苗木，以及茎尖嫁接脱毒苗。现将其生产的流程简述如下：

1. 母本树的选择

选生长健壮、无病害症状及与具有本品种固有的丰产、优质园艺性状相结合的植株为母本树。

2. 母本树病毒鉴定

主要通过指示植物及 PCR 技术等进行，并根据鉴定结果，相应进行不同脱毒处理。

3. 脱毒苗木的培育

（1）湿热空气和抗生素处理技术。用于黄龙病、溃疡病病菌的杀灭，苗木经49℃湿热空气处理50分钟再定植。采用盐酸四环素、土霉素、青霉素等抗生素灭菌育苗技术，其流程见种子接穗消毒部分。

（2）茎尖嫁接脱毒育苗。从种子到茎尖嫁接全过程均在实验室无菌条件下完成，可以脱除真菌、细菌、病毒类等，是目前世界上培育脱毒苗木的顶尖技术。茎尖嫁接关键是：嫁接材料来自无病母株，切取嫩芽长0.14~0.18毫米的茎尖为接穗。

4. 无病毒苗木三级繁育体系

一是建立国家级无病毒母本园和一级采穗圃，以确保品种的纯正度和无毒化；二是建立省级无病母本园和二级采穗圃，以进一步扩大繁育；三是市或县建立无病毒良种苗圃，供应生产果园需要苗木。关键是做好"一园二圃"的建立："一园"指母本园，园址应与其他果园相距5千米，且具备较好的水土条件，每3年左右进行无病毒鉴定，以确保无病毒。"二圃"指采穗圃和大田无病苗圃，苗圃选址均应远离其他果园2千米以上，同时周围不得有芸香科等柑橘木虱寄主植物，而采穗圃最好有网室保护，不被传病昆虫传染；生产无病苗圃，要坚决贯彻无病虫毒苗木规章制度，培育出标准的无病虫苗木。

5. 无病虫良种苗木的培育

采用纱网大棚育苗（图43），一般采用容器（多为袋苗）或露地育苗，要准备营养土和苗袋（图44）。袋苗从嫁接到出圃需6~7个月，以6个月为宜，一般有2次梢老熟，高度在30厘米以上。而主干

图43　网室育苗

图 44　育袋苗圃

高达 50 厘米以上，有 3 次梢老熟或有弱的分枝，为苗期 8 个月的苗。超过 3 次梢期或迟于 8 个月出圃的苗，称为"超期苗"，其种植时要按"超期苗"几条措施进行（见"种植技术"部分），方能取得成功。

四、砂糖橘建园技术

（一）丘陵山地建园

地形、地势应选坡度在 25° 以下，坡向除考虑冬天出现霜冻地区以南坡为好外，其他地区各坡向均可种植。土壤以土层深厚、肥沃疏松、土壤 pH 5.5~6.5 的微酸性壤土、红壤土、沙壤土为好，其他按 NY—5016 规定执行，且要求水源条件好、交通方便（图 45）。

园地规划应根据地形、地势，将园地划分为若干个小区，各小区间设置主道、支道和小路及防洪沟及排灌系统，并需修筑蓄水设施，营造防护林。坡度 6°~25° 的园地宜修筑水平梯田（图 46），较小坡度

图 45 丘陵山地建园

图46 修筑水平梯田

的宜采用等高线开园，以利于水土保持，不受暴雨冲刷。目前，一是采用边种植边开垦的经济型建园，即测出等高线后，按规格挖穴种植，每年在农闲时垦荒扩大梯面，至投产时形成水平梯田。二是用机械开园，利用钩机开出水平梯田的同时，兼挖植沟或植穴，一次建成果园，但成本较前者高，前期投入较大。三是采用等高线种植，坡度在5°左右的，利用机器打穴，可节省成本，提高工效，亦有用人工打穴的，但成本稍高。

灌溉系统的修筑非常重要。山地可引山水自流灌溉，利用山塘、水库、河流、挖深水机井等，建立提水系统。每个小区根据喷药、施水肥用水点，修建蓄水池、肥池，以管道与总管连接。

果园建成后成为一个"头戴帽（山顶水源林）、腰束带（建成水平梯田）、脚穿鞋（山下筑水塘）"的良好生态系统标准园地（图47）。

图 47 砂糖橘生态园

（二）平地建园

平地果园的园地为水田、河滩地、旱地等。选择有水源、易排易灌、地下水位在 0.8 米以下，以及土层较厚、肥沃、土壤 pH 5.5~6.5 的沙壤土、田土、冲积土。按照平地的地势、土质确定采用园四周挖 0.8 米深的排水沟或筑墩培畦方式（低畦浅沟、深沟高畦等），以降低地下水位，增厚生根层，做到排灌方便，防涝防旱（图 48、图 49）。由于水田土黏性大，在建园时要加入红沙壤土，以疏松田土，创造适合好气的柑橘菌根生长环境，并种植护园林（图 50、图 51）。

图48 三级排灌系统

图49 深沟高畦排灌

图 50 护园林

图 51 果园客土

（三）科学定植

1. 种植密度

一般采用株行距（2.1~2.6）米×（3~3.3）米，每亩75~100株。若选用酸橘砧，则要疏植，选用枳砧，特别是小叶系枳砧可密植，并结合土壤肥瘦、劳力、资金、技术等综合考虑种植密度，以便尽早收回投资款。平地建立计划密植园，以小花系枳砧为临时株，红橘砧为永久株，采用株行距1.5米×2米，每亩种180株，枳砧结2~3年果后间疏移植120株，最后保持为60株，前密后疏栽培是早结丰产的有效途径。

2. 种植时期

分春、秋植两个时期：春植在2—4月，春芽萌发前或春梢老熟后种植；秋植在10—12月，秋梢老熟后种植。具体何时种植，取决于植后是否有充分淋定根水至成活的水源及天气情况。

3. 种植前的准备

（1）山地挖穴与开壕沟

挖穴与开壕沟深0.8~1米，宽1米。每株用2~3层肥料放入穴或沟内，底层为鲜绿肥10~15千克，撒少量石灰，填表土，再填入30~50千克堆肥，盖上表土，填至穴（沟）深度的2/3处；再上一层附根肥，用鸡粪或鸽子粪5~7千克或猪粪15千克和0.5千克过磷酸钙及表土充分拌匀，再填土高出地表面25厘米，并起宽100厘米的圆形或条形土墩，待泥土回落至表面高后即可种植（图52）。

（2）平地果园筑畦起墩（图53）

畦或墩高0.3米，宽1米。筑墩或畦时，施鸡粪3千克、猪粪5千克或塘泥土杂肥10千克，石灰0.3千克，与表土充分混均匀。畜粪肥要施于离墩面25厘米处，避免肥害。

4. 种植方法

选用无病壮苗，在墩或畦面扒开深25厘米的土穴，穴底放一层薄

图 52 定植前备好基肥

图 53 种植起畦覆盖

土，将根与基肥分开，使根舒展开，将细土分层用脚踏实，以露出根颈为适当深度，并以苗木为中心，起一个 1 米宽的盆状土墩，淋足定根水，然后用芒萁或杂草覆盖保湿。若为袋装苗，则要去袋并将周围土弄松，再放入土穴内种植。

5. 植后管理

种植后若是无雨天气，头 4 天每天都要淋水，保持土壤湿润，以后每隔 2~3 天淋一次水，直至成活。种后遇有卷叶，可剪去部分叶片，提高成活率。需立支柱防风吹摇动根群。种植后 25 天，可淋施稀释 4~6 倍的腐熟人粪尿或 0.5% 尿素溶液，在主干外 15 厘米处开浅沟淋施（图 54），以后每月施 2~3 次。

6. 大苗和大树移植

假植袋装大苗，经 2 次梢老熟后，可随时脱袋种植（图 55），种后苗木可保持长势不减，全园生势平均，为早结果打下基础。密植园结果

图 54 环状开沟施促芽肥

后，需要间疏树或其他原因要进行大树移植（图56）。移植前采用枝组更新或露骨更新的方法进行适当修剪。可在春芽萌发前半个月，选阴雨连绵的天气进行移植，也可在10月小阳春天气进行移树。挖树时注意尽量少伤根，多留细根，剪平大根伤口，以利于发根。大树挖起后应用编织袋或稻草扎好护土保根。种时要将根与细土紧贴，淋足定根水，覆盖杂草保湿，10天后可淋生根粉溶液，以促发新根。

图55 小树移植

图56 大树移植

五、砂糖橘丰产树冠培养技术

砂糖橘定植后 1~2 年的管理以扩大树冠为主要目标，果园要做好土、肥、水管理，培养分布广而密的根系。平地、水田果园亦需勤施、薄施肥，培育好根群，并采用抹芽放梢技术，培育好各次枝梢，做好病虫害防治，护梢保叶，为早结丰产打下基础。

（一）第一年管理

砂糖橘是菌根植物，在疏松、透气、湿润、有机质丰富的土壤中根系生长发育良好，枝叶生长茂盛，树冠扩展快，易形成早结丰产树冠。目前，砂糖橘主要栽种在红壤丘陵山地，具有酸、黏、瘦、旱的特点；而水田、平地虽然有机质含量稍高，但土层浅薄，水位高，不利于植株生长。针对菌根生长的要求，种植后山地应采取扩穴，增施大量有机质改土，提高土壤肥力；水田和平地果园，则要培土客土，开沟降低地下水位，增厚生根层，促使形成发达的根群。培养树冠，则采用抹芽控梢、短截促梢、疏芽放梢等一整套整形方法，尽快形成波浪式圆头形丰产树冠。

1. 种后至夏梢前的管理

（1）施肥（图 57 至图 60）

大寒种植的新植株，种后 25 天开始发新根时施第 1 次肥，以尿素为主，每 50 克施 3 株，遇干旱可稀释成 0.5% 的尿素溶液淋施。而土壤湿润的平地或水田，可撒施在树盘周围，或挖浅环状沟施。再过半个月左右施一次壮梢肥，以复合肥为主，每 50 克施 2 株，亦可用腐熟农家肥泼施于树盘里。嫩叶展开后喷 1~2 次 0.3%~0.5% 的尿素溶液为主的根外肥，促进枝叶转绿充实。

图 57　环状沟施肥

图 58　对称沟施肥

图 59　泼施水肥

图 60　撒施化肥

　　幼树根系对肥料十分敏感，未经腐熟的饼肥、人畜粪便等有机肥，施后常发生肥害。此类有机肥需经 2 个月堆沤腐熟、无酸臭味时，才可施用。

　　（2）拉线整形

　　砂糖橘枝条较开张，由于苗圃多采用密植，许多橘苗的分枝角度小，枝条直立，难以形成波浪式圆头形丰产树冠（图 61）。针对这一情况，应于种植后第一次新梢萌芽时用塑料薄膜带或麻绳缚在主枝上，将主枝往外拉，拉至与主干的开张角度为 45°左右。一星期后，再将开张角度往外拉至 50°左右，每次都要将绑带的另一端缚在竹竿上，插入土中固定（图 62）。在枝梢老熟时解开，可使骨干枝开张，为形成波浪式圆头形树冠打下基础。

图61 树形直立园

图62 经拉线整形的开张圆头形树冠

（3）树盘除草及覆盖

树盘内应除草松土。树盘在干旱季节覆草，可降低土壤温度并保持土壤湿润，防止杂草生长和土壤板结。覆盖材料可用禾草、杂草、绿肥、芒萁等，有条件的亦可用地膜覆盖。

（4）间种绿肥（图63、图64）

幼年果园间种绿肥作物，是增加有机质肥源的一条主要途径。

图63 果园间种花生

据广东省每亩产5 000千克的果园测算，要使红壤土60厘米土层的有机质含量从1.5%提高到2.5%，每亩需绿肥100吨以上。这只能通过间种绿肥或建立专门的绿肥基地，深翻压青，逐年扩穴改土来实现。夏季绿肥覆盖地面，可防止雨水冲刷、降低土温、保湿、抑制杂草生长等。

图64 果园间种蔬菜

丘陵山地果园多采用春夏间种覆盖作物、秋冬翻耕压青改土的半休闲耕作方法。这样可利用雨水充沛的春夏季，作物旺盛生长季节种绿肥。果园的主要绿肥格拉姆柱花草、印度豇豆、毛蔓豆、狗爪豆等都是蔓性豆科绿肥（图65）。间种花生、黄豆、绿豆的果园要加强管理，才可以达到既有经济收益又可改土的目的。若采用藿香蓟（俗称"白花臭草"）作为覆盖作物，红蜘蛛的天敌钝绥螨（捕食螨）大量繁殖其中，可减轻红蜘蛛为害植株，减少喷药次数，这是生产无公害柑橘的良法之一。间种作物一般应种在树冠滴水线外30厘米左右，以免影响植株的生长。密植果园一般不宜间种。播种间种作物前要施基肥，豆科绿肥在幼苗期未形成根瘤，要追施氮肥，以保证苗期生长的需要。平地、水田幼年树果园排灌便利，土壤肥沃，可以间种叶菜类蔬菜和豆科作物，不但可增加经济收益，还可利用残留茎秆改土。

图65 果园生草管理

2．夏梢期的管理

在立夏至大暑发的新梢称为夏梢。砂糖橘幼年树一般有两次夏梢萌发，依其发生顺序称为早夏梢和迟夏梢。夏梢生长于高温季节，生长迅速，由萌发至转绿一般需 35~40 天。夏梢粗壮，节间长，叶片大而薄。利用夏梢，幼树可以加速树冠形成。

（1）抹芽控梢

砂糖橘每个叶腋中有多个芽，抹去初萌发的芽，会刺激发出更多的芽。利用抹芽控梢的整形方法，能有效地控制顶端优势，较快地形成齐、密、壮的枝梢，从而形成叶绿层厚的波浪式圆头形树冠。抹芽控梢还可断绝害虫食料，减少虫源，抑制溃疡病的发生，节省农药和肥料用量，从而降低成本。

因气温低，春植的植株恢复生长慢，春芽萌发不齐，任由春芽萌发生长。由夏梢开始，枝叶较多时，采用"去零留整，去早留齐，去少留多"的抹芽控梢方法，于 5 月下旬留 1 次整齐的夏梢。当早夏梢零星发生，芽长 2~3 厘米时，应及时抹除，且每隔 3~4 天抹 1 次，直到八成基枝上都萌发 3 条左右新梢时才放梢。对顶部生长旺盛的芽，多抹 1~2 次，先放下部的梢，再放上部的梢，使树冠下大上小，光照好，内外挂果多。具体操作见秋梢期管理。

（2）深翻扩穴改土

夏季是绿肥及农作物收获季节，有丰富的秆叶等改土材料。夏季又是雨水多的季节，土质松软，有利于深挖改土田间操作。秋梢后，新植植株的根系已伸展至原来改土定植穴外，而穴外的土壤未深翻改土，使根系生长受抑制。因此，进行扩穴改土工作，培养深、广、密的根系，是丘陵山地种植砂糖橘成功的关键措施。

深翻扩穴改土以每年 4—10 月进行为宜，此时土壤温、湿度有利于扩穴后的断根愈合，并能在半个月内发新根。每断 0.5 厘米粗的根可发 3 条以上的新根。雨季改土时要注意避免扩穴后积水烂根。扩穴时应在原来定植穴外缘开条沟，深 45 厘米，长、宽可根据改土材料确定，不留隔墙，开沟时表土、心土要分开放。山地改土工作量大，必须讲求质量，改土材料要及早准备，并运至园中备用。改土材料可就地取材，充分利用野生林木枝叶、杂草、芒萁、禾草等，每株 20~50千克，土杂肥 50 千克混配花生麸 1 千克，或鸡粪 10 千克或猪粪 20 千克，过磷酸钙 1 千克经堆沤腐熟施用。施肥可分 2~3 层，底层放树木枝叶、绿肥茎秆，并撒上石灰 0.5 千克，然后盖表土；中层放半腐熟堆肥，再放石灰 0.5 千克后填上表土；而上层则放经堆沤的腐熟堆肥，最后用心土填至高出土面 20 厘米，以便绿肥腐熟下陷。

平地果园地下水位高，可开深 35 厘米左右的条沟施有机肥；水田果园一般采用培或埋有机肥的办法来增施有机肥改土。

（3）施肥

夏梢历时短，需水肥充足，采取"一梢三肥"的施肥方法。首先在放梢前 1 个月施腐熟花生麸水或人畜粪尿，每株施 2.5~5 千克。其次在抹完最后一次芽后施速效氮肥促梢，每株施尿素 30 克。新梢自剪时施复合肥壮梢，每株施 50 克。施肥方法基本与春梢相同，只是撒肥面应扩大，以适应根系伸展的需要。夏季高温，有机肥料要充分腐熟、无酸臭味时才可以施；化肥干施时要撒均匀，或与水肥混合施用，避免肥害。

（4）果园覆盖

夏季土温高达 45℃以上时会灼伤根系，采用果园树盘或行间带状覆盖，可降低地表温度 4~10℃，有利于根系生长。以禾草、杂草、芒萁等覆盖 5~20 厘米厚，亦可用地膜覆盖降温、保湿。已间种春季绿肥的，则可形成整园生物覆盖，起到避免强光和调节果园湿度的效果。

3. 秋梢期的管理

秋梢是立秋至霜降萌发的新梢，若此期间发两次新梢，则依次称为秋梢、秋梢叠。秋梢从萌发至转绿充实一般要 40~45 天。秋梢生长初期处在高温多雨季节，萌芽生长快；而生长后期（10月以后），则处在干旱凉爽天气，枝梢易充实。秋梢抽生数量较夏梢多但比春梢少，生长中等，叶片大小介于春、夏梢之间。秋旱严重时，也会导致枝梢短小和病虫为害严重，要采取相应的管理技术，才可获得理想的秋梢。

（1）短截促梢（图66、图67）

经过春夏两个梢期培养后，枝梢数量增加了，夏梢也有徒长的，在放秋梢前10天左右要短截促梢。短截在新梢转绿时进行，此时枝条中部的芽充实，而将过长（20厘米以上）未充实的芽剪去，剩下营养较一致老熟的枝芽，发梢整齐。新梢短截还可以使末级分枝上各枝序高低分布得当，错落有序，使之形成顶部稍高、中下部渐开张、紧凑的波浪式圆头形树冠的雏形。要想植株枝梢数量足够多，可采用抹芽控梢的技术放好秋梢。

图66　短截萌芽

图67　抹芽

（2）疏梢

当秋梢长至5厘米左右时进行疏梢工作，每条基梢留3条左右的新梢，原则是强梢多留，弱梢少留（图68）。疏梢时注意将直立梢、向心生长梢疏去，一个芽眼同时发2条以上枝梢的只选留1条生势中等的。遇有夹心梢时，应将夹在两条梢中的一条梢疏去，这样枝梢开张，分布适度，呈倾斜生长，有利于结果和树冠培养。

图 68 "一开三"放梢

（3）施肥

促发秋梢在立秋过后施腐熟水肥，处暑至白露抹最后 1 次梢后每株施尿素 50 克，若遇干旱可兑水淋施。在秋梢自剪后即施壮梢肥，一株施复合肥 50 克。若有农家水肥，可混合施，对促梢转绿充实、保叶过冬都有好处。在枝梢转绿期注意喷 0.2% 的硫酸镁 +0.3% 的尿素及 0.1% 的硫酸锌 2~3 次，有助于枝叶发育。

（4）灌溉保湿

秋梢生长期在处暑前后，易发生秋旱，会造成发梢不适时、不整齐、数量少、枝梢弱小，因此要 10 天灌（淋）水 1 次，直至秋梢正常生长发育为止。淋水抗旱，一般 50 千克水淋 2~3 株。淋水时注意松土保湿，加强树盘覆盖物厚度，以延长土壤保湿时间。

4. 冬季管理

（1）冬季清园

冬季清园以消灭越冬病虫为主，结合整形修剪，剪去病虫为害枝叶，挖除病树，集中烧毁，并要铲除园内杂草，扫除枯枝落叶。修剪后要喷机油乳剂或柴油乳剂加克螨特1次，主要防治红蜘蛛、蚧类等害虫。防病杀菌剂可喷30%氧氯化铜600倍液或80%大生M-45 800倍液，清除炭疽病和溃疡病菌。树干涂白（用生石灰10千克、食盐0.15千克、硫黄粉0.3千克，加水50千克，配成涂白剂），以清除树干上流胶病等病菌。

（2）修整果园排灌系统（图69、图70）

山地果园梯田的梯面、梯壁、排灌沟应及时清理。平地、水田果园则要搞好三级排灌沟的清理和修整，防止雨季雨水冲刷和积水。

（3）保叶过冬

冬季干旱和病虫为害会引起幼树卷叶落叶，影响生势。保叶过冬是果园冬季管理的主要措施。

①防冬旱。冬旱会引起叶片主脉黄化，继而至侧脉，直至全叶黄化而落叶。冬旱前做好树盘覆盖，防止卷叶，出现卷叶要淋0.5%的尿素溶液保湿，防止黄叶、落叶。

②防治病虫害。砂糖橘易患的黄斑病、脂斑病、溃疡病、炭疽病，都会在干燥北风天气产生落叶，红蜘蛛

图69 果园冬季要做好修沟工作

图70 整理畦面

等为害严重时也会在冬季提早落叶，因此防治好上述引起冬季落叶的病虫害，是保叶措施之一。

③冬季干旱，易引起肥害、药害落叶，有机肥要充分腐熟后才能施用，化肥用量要准确、科学施用，用药一定要按照使用浓度指引，不能随意混用农药，以避免肥害、药害产生。

④喷植物生长调节剂保叶。入冬后喷1次赤霉素（九二〇）（30毫克/升），混合钾、硼、锌、镁、锰等叶面肥，可防止或减轻不正常落叶。

（二）第二年管理

1. 春梢期管理

（1）施肥

随着树冠和根系的扩大，施肥量也有所增加。首先是施肥沟改为2条对称沟，在树冠滴水线上开沟。施肥采用"一梢二肥"：一是促梢肥，在立春时施，在树冠两侧挖2条对称沟，沟深10~12厘米，宽25~30厘米，长度比冠幅略长。春旱一般施农家水肥（人畜粪尿）或麸水混合尿素50克。若单施尿素，则稀释成0.5%的溶液淋施，每株75克。有雨水时开浅沟施。二是壮梢肥，在梢自剪时施，每株施复合肥75克，但施肥位置要与上次施肥位置轮换。遇干旱时，可按1%的浓度兑水开沟施用。施肥后施肥沟要覆土。在春梢嫩叶展开后，要喷硫酸镁、尿素、磷酸二氢钾等根外肥，促梢转绿充实。

（2）深翻扩穴改土

4月后雨水渐多，丘陵山地果园应抓紧有利时机进行扩穴改土，每株可施鸡粪7.5~10千克或鸽子粪5~7.5千克，混合土杂肥50千克、过磷酸钙0.75~1.5千克、石灰1千克，并施入杂草、禾草等20~30千克。平地及水田扩穴改土办法参照第1年。

（3）间种绿肥

间种面积比第1年少1/2，间种作物参照第1年。要将靠近树冠的多年生的格拉姆柱花草移走，并撒施硫酸铵（每平方米不超过15克），以促进越冬后春季生长。

（4）摘花、除不定芽

定植后2~3年的幼树以扩大树冠为目的，不宜挂果，开花多的植株在花朵露白时摘掉，此时摘，一是花柄嫩容易摘，二是可避免开花消耗营养。亦可于第1年冬季在成花期喷赤霉素（九二〇）100毫克/升，可减少来年摘花人工，或在第2年1月中旬将上年末次梢的部分顶芽剪去，即可有效地防止春季开花。若错过时机，可在盛花期喷碱性农药，如0.5~0.8波美度（波美度是过去用于表示比重的单位，现已废除，改用密度表示。在15℃下，1波美度相当于1.007克/厘米^3）的石硫合剂、12倍松脂合剂、0.1%洗衣粉等，柱头一接触碱性药剂即发生药害而落花，可大大减少因疏花而花费的人工。

2. 夏梢期管理

经过一年栽培后的植株，树势较壮旺，进入夏梢生长季节，很容易萌发夏芽。利用夏梢生长历时短的特点放2次夏梢，可加速幼树速生快发，尽快形成早结丰产树冠。此时要特别注意加强水肥管理及护梢工作。

（1）放2次夏梢（图71）

春梢5月上旬老熟后即猛抽夏芽，利用抹芽放梢技术，至5月下旬放第1次夏梢，采用"一梢三肥"，加强根外肥，至7月中旬放第2次夏梢（8月中旬第2次夏梢老熟，加强水肥管理，继续采用短截促梢、抹芽放梢措施，8月下旬放秋梢）。由于这两次夏梢控梢时间只有半个月左右，因此个别基梢放出枝梢条数

图71　放好夏梢

会有所减少，即"一开二"放梢较多，主要是争取 8 月下旬至 9 月上旬放出秋梢，使植株来年试挂果。

（2）施肥

为放好两次夏梢，争取适时老熟，夏梢期要做到"一梢三肥"，即放梢前 1 个月施腐熟水肥，放梢前半个月施氮肥促梢（每株施尿素 100 克），梢萌发一致后施复合肥壮梢（每株 150 克）。夏梢转绿期喷 0.2% 的硫酸镁、0.3% 的尿素及 0.1% 的磷酸二氢钾，促梢尽快转绿充实。

夏季是绿肥生长旺季，间种的格拉姆柱花草可以每隔 1.5 个月割青作压绿改土材料，而每割一次绿肥应追施氮肥、磷肥 1 次，以利于割后再生。黄豆、花生等绿肥收获后的茎叶也是压青的好材料。深翻压青改土方法见第一年生长管理措施。

3. 秋梢期管理

（1）梢期的确定

作为翌年结果母枝的秋梢，不宜过早萌发，一般掌握在处暑季节前后即 8 月下旬前后放梢，以避免抽秋梢叠。

（2）抹芽控梢

放梢前短截促梢，经过 2 次抹芽后，全园和基枝萌芽达到两个 80% 的放梢要求后，要适时放秋梢。当新抽出的秋梢长至 5 厘米时，按第一年疏梢办法进行疏梢，使秋梢分布合理。疏梢时要从基部抹除，切不可留有残桩。

（3）加强肥水管理

疏梢后，枝梢生长更快，对水肥要求更迫切。遇秋旱要结合灌（淋）水施壮梢转绿肥，肥料以复合肥或农家水肥为主，配施 50~100 克尿素。土壤湿润，此次肥可开成沟施，施后覆土。在新梢转绿期间喷 2 次根外追肥，加速秋梢充实，有利于花芽形成。

（4）控冬梢（图 72、图 73、图 74）

秋梢健壮充实，成为结果母枝的高达六成以上，特别是枝梢先端的几个芽具有良好的结果能力，坐果率也高。在花芽分化后，对秋梢

（包括树冠其他末级枝）进行短截，会将花芽剪去，使翌年不开花结果。因此，秋梢老熟后，除了特别需要减少花枝、促发营养枝、对少数枝条进行短截外，不能摘心、短截。在秋梢之上再发生冬梢时，控冬梢必须采取下列措施：

①喷多效唑（PP333）。当秋梢老熟后，喷 500 毫克 / 升的多效唑，以喷湿树冠不滴水为度，20 天后又喷 1 次，再在枝干上环割一圈，即可有效地控制秋梢叠或冬梢的萌发，并能促进砂糖橘树花芽的形成，不用担心来年不开花。

②控水肥。秋梢转绿后，除特别干旱致叶片严重卷曲，可适当灌"跑马水"或淋水外，一般不要灌水。不追施化肥，特别是氮肥，如叶色淡，可喷根外追肥补充，用于改土需要的有机肥仍可施用。

③抹冬芽。遇到个别年份，出现 10 月小阳春气候，容易抽发秋梢叠或冬梢，可按抹芽控梢办法及时抹除。由于冬季气温低，一般抹 1~2 次，不会发新梢。

图 72 果园发生少量冬梢要及时抹除

图 73 果园冬梢数量多时要促充实（一）

图 74 果园冬梢数量多时要促充实（二）

（三）注意事项

1. 果园生草

生草法栽培为最合适无公害柑橘生产的，可防止土壤流失，提高土壤有机质含量和土壤肥力，减轻自然灾害，降低土壤管理成本（图75）。

果园生草首先要选好草种，其中以藿香蓟为首选。该种属菊科一年生草本作物，3月育苗移栽，以后落子自然繁殖，每亩可产鲜绿肥3 000千克。藿香蓟不仅是果园覆盖物，又是柑橘红蜘蛛天敌——钝绥螨（捕食螨）的中间寄主，为捕食螨提供食物和繁殖场所，使生态环境得到相对平衡，红蜘蛛也受到控制，可减少用药。当然，草种还可选用多年生格拉姆柱花草、百喜草、豆科白三叶草，以及野生的油草

图75 果园生草管理

和拖地莲等,只要不是恶性杂草(茅草、香附子等),都可作为生草法栽培的草类。

2. 合理施肥

幼年植株施肥以氮肥为主,配合磷、钾肥,一般氮、磷、钾配比为 1 ∶ 0.3 ∶ 0.6。第一年施肥量,以纯氮计算,单株施纯氮 0.2 千克,折合尿素 0.4 千克,下一年在此基础上约翻一番(表 6)。施肥以勤施、薄施为主,按照"一梢 2~3 肥",即放一次梢,因立地条件不同,肥沃果园施 2 次,即梢前 15~20 天施促梢肥,在顶芽自剪时施壮梢肥;而瘦瘠的果园施 3 次,即增加梢前 1 个月左右施梢前腐熟水肥,施肥量要多,以便及时促发数量多而整齐的新梢。幼年植株放 4 次梢(见梢期安排),水肥足的 1~2 年生树可安排放 5 次梢。由于夏季高温多雨,肥料分解快,在土壤中渗透流失量大,年施肥次数稍多,在 10 次左右。随着树龄的增长,施肥次数逐渐减少。准备次年结果的幼树(图 76)应加重促秋梢肥的氮肥用量,到秋梢老熟期适当增施磷、钾肥,减少氮肥,以利于花芽形成。一般总梢数量 200 多条,而有效秋梢(20 厘米左右)在 130 条左右,基本形成波浪形小树冠,即可以投产。

图 76 砂糖橘投产树

表6　砂糖橘幼年树全年氮肥施用量

树龄/年	纯氮/（株·千克⁻¹）	春肥占比	夏肥占比	秋肥占比
1	0.2~0.25	20%	50%	30%
2	0.4~0.45	20%	50%	30%
3	0.8~1.0	20%	40%	40%

施肥避免肥害，主要注意以下两点：

①肥料堆沤。麸饼用粪池沤制（图77），花生麸要 50~60 天、黄豆饼要 80~90 天才能充分腐熟。堆沤时加入一些猪牛粪及过磷酸钙，可加快腐熟。充分腐熟的麸饼液肥应该是乌黑色的，无白色渣粒，搅动时无酸臭刺鼻气味，气泡少。

图77　果园需设立肥池

②化肥用量过多易引起肥害，致使根系和枝叶脱水，严重时根发黑死亡，枝叶焦枯脱落，甚至整株死亡。施用化肥时须少量、均匀、土壤湿润时，每平方米尿素撒施量在 50 克左右。土壤湿度不大时，应尽量渗水或溶于粪水中施用。

六、砂糖橘结果树土肥水管理技术

（一）土壤管理

1. 扩穴改土，深施有机肥

山地果园扩穴改土，深施有机肥，在 4—11 月最适宜。在树冠滴水线位置开长 1 米、宽 0.30 米、深 0.40 米的沟，每株对称挖 2 条改土沟（图 78）。每株将绿肥、土杂肥 50~75 千克，畜粪肥 10~20 千克，石灰、过磷酸钙各 1 千克，以及少量镁、锌、硼肥作为基肥施入穴中。全园改土要在果园丰产前完成，以后隔年改用放射沟深施有机肥，可减少伤根。施肥量因产量增加而增加。

图 78 扩穴改土施肥

55

2. 间种

未封行的果园，因地制宜，仍按幼年树果园管理，间种作物，或生草直至封行为止。坚持果园树盘采用杂草覆盖，对疏松土壤、增加肥力有好处。

3. 培土、培肥、深耕

砂糖橘经多年结果后，表层根逐渐衰退，要将树冠内表土扒至10厘米深，将衰退根扒走，每株培上混有经过堆沤的富含有机质的园外客土250千克左右，培至不露根（图79）。结合秋冬季深松土15厘米深，进行此项培肥工作最好，该措施对促进发新根和恢复树势有显著效果。培土、培肥对平地、水田果园尤为重要。

图79 果园培土、培肥

（二）营养及施肥

砂糖橘施肥应根据不同土壤类型及植株本身不同生长发育时期及产

量，做到因地、因树制宜，适时、适量、适种（肥料种类），合理施肥。

1. 砂糖橘主要营养元素缺乏的原因、症状及矫治

砂糖橘树体缺乏某种元素时，都会在枝、叶、果表现出不同症状，可凭经验采用目测鉴别，以便及时纠正缺素症（表7、图80至图89）。

表7　砂糖橘主要营养元素缺乏的原因、症状及矫治

元素	缺乏原因	缺乏症状	矫治方法
氮	施肥不足，土壤积水，沙质土或施用磷肥过多	叶片初为不规则黄绿色斑块，严重时全叶黄化，顶部呈黄色，叶簇生，小叶密生，无光泽，暗绿色。老叶有灼伤斑。果皮粗厚，果心大，味酸，汁少，多渣	叶面喷0.3%~0.5%尿素溶液，7天1次，连喷2次，或喷0.3%硫酸铵或硝酸铵溶液，亦可土壤施用
磷	酸性红壤有效磷含量低；由于施用氮肥、钾肥量过大	叶片稀少，叶暗绿色，老叶呈青铜色，无光泽，有灼伤斑，新梢纤弱。花量少。果皮粗，果心大，味酸，汁少，多渣	酸性红壤施用磷肥应和有机肥混合后与石灰相结合。可喷施0.2%~0.3%磷酸二氢钾或1%~3%过磷酸钙浸出液，或0.5%~1%磷酸二氢铵溶液
钾	土壤中钾少；土壤中钙、镁含量高；果园干旱或渍水也影响植株对钾的吸收	叶片黄化由叶尖、叶缘向下部扩展，叶变细，并逐渐卷曲、皱缩，并有枯斑。新枝短弱，花量少，落果多。果实小，皮薄光滑，裂果多，不耐贮藏	叶面喷施0.5%~1%硫酸钾或硝酸钾溶液；控制氮肥施用量；做好排水工作
钙	含钙少的强酸性沙质土壤会出现严重缺钙	叶片叶脉褪绿，变狭小而薄，发黄，新梢短。植株矮小，严重时根腐烂，坐果率低，易裂果，果实小	叶面喷施0.3%~0.5%硝酸钙或3%过磷酸钙浸出液，7天1次，连喷2~3次，或喷2%熟石灰溶液。土壤撒施石灰，每亩50~60千克
镁	含镁量低的沙质土壤、酸性红壤易缺镁；土壤含钾量过高或施用钾过多，果多亦会缺镁	叶片叶脉间或沿主脉两侧显现黄斑或黄点，从叶缘向内褪色，严重时在叶基处出现倒三角绿区。老叶会出现主侧脉肿大或木栓化。果小，果肉色、味均淡	土壤施钙镁磷肥，每亩40~60千克；叶面喷0.2%硫酸镁溶液

（续表）

元素	缺乏原因	缺乏症状	矫治方法
硼	酸性红沙土和石灰性土壤多出现缺硼。潮沙土因水淹致硼流失。夏秋季干旱缺水，施过量石灰或施过量氮、磷肥的果园	幼梢枯，轻微缺硼时，叶片厚、脆，主侧脉肿大，木栓化爆裂，无光泽，叶扭曲。严重时嫩叶基部坏死，老叶无光泽，向外反卷，花多而弱，果皮厚而硬，亦有产生木栓黑斑点，引起裂果	在花前、幼果期、定果期喷施0.1%硼酸溶液，亦可用0.2%硼砂溶液作春芽肥施用
锌	土壤有机质含量低，钾、铜过量，以及施用高磷、高氮的果园常会加重锌的缺乏	新叶变小，叶尖直立，叶肉黄绿色。中脉绿色，呈肋骨状黄斑花叶，严重时新梢短而弱小，果小，汁少，味淡	每株施用有机肥混合硫酸锌100克左右，发春梢前叶面喷0.4%~0.5%硫酸锌溶液，亦可在春梢萌发后喷0.1%~0.2%硫酸锌溶液
锰	酸性土和碱性土易发生缺锰症。酸性土施过量石灰、土中缺磷、含丰富有机质的沙质土会出现缺锰	缺锰叶片症状是在浅绿色的基底上显现绿色网状叶脉，但花纹不像缺铁、缺锌那样清楚，且叶色较深，随着叶片的成熟，叶花纹消失。严重缺锰时，中脉区出现黄色和白色小斑点。缺锰还会使部分小枝枯死。缺锰多发生春季低温干旱时即新梢转绿期	酸性土果园缺锰可土壤施硫酸锰和叶面喷0.3%硫酸锰加少量石灰水，亦可施磷肥和有机肥。碱性土或中性土果园缺锰，叶面喷0.3%硫酸锰数次
钼	酸性土中锰浓度高；过量施用酸性肥料会降低钼的有效性；土壤中含磷不足，氮过高，钙低，也会引起缺钼症	缺钼易生黄斑病，叶片早春出现水渍状斑，夏季出现较大的脉间黄斑，叶背面流胶变黑。初期脉间受害，向阳叶较明显。新叶淡黄，且纵卷向内抱合	叶面喷0.01%~0.05%的钼酸铵（幼果期喷），酸性土果园可每亩施钼酸铵23~40克，最好与磷肥混施

2. 施肥时期

（1）春梢肥

春梢肥芽前半个月施（图90），初结果树则至见花蕾施，视花量多

图 80　缺氮植株（蔡明段摄）

图 82　缺钾叶片

图 81　缺磷叶片

图 84　缺镁叶片

图 83　缺钙叶片

图 85　缺硼叶片

图 86 缺锌叶片　　　　　图 87 缺锰叶片

图 88 缺钼叶片

图 89 缺铜枝叶

少确定施肥量，避免因春梢过旺而落果。这次施肥以速效氮肥为主，配合磷钾肥，现蕾期喷硼、镁、钾等，施肥量占全年总量的 25%。

（2）谢花肥

落花后期施。花多、幼果多的树才施，反之则不施，避免促夏梢而引起落果（图91）。施肥量占全年总量的 5%~10%。

（3）秋梢肥

秋梢肥是全年最重要的施肥，可按

图 90 春梢肥芽前半个月施水肥

"一梢三肥"分次施（图92）。埋施饼麸肥要提前50天沤制才能腐熟。在梢前半个月施速效氮肥混合腐熟有机肥。干旱时需结合灌溉，才能及时抽吐秋芽。壮梢肥在叶片转绿时施，以复合肥为主。施肥量占全年总量的40%左右。

图91 多花、坐果多的树施谢花肥

图92 秋梢肥分梢前、促梢、壮梢三次施

（4）花芽分化肥（图93、图94）

11月上旬施花芽分化肥。施复合肥或有机肥供壮果及促进花芽分化，施肥量占全年总量的10%~15%。

图93 果实膨大期施壮果肥

图94 果实转色期施花芽分化肥

（5）采果前后施肥（图95）

如果是树上留果保鲜，则需采前施。采后施，以速效肥为主，以恢复树势，减少落叶，有利于花芽形成，结合灌溉效果最好。施肥量占全年总量的10%~15%。

图95 施树上留果保鲜肥和采果前后水肥

3．施肥方法

（1）土壤施肥

因树龄、肥料种类、气候等条件不同，而采用环状沟施（图96）、放射沟施（图97）、对称沟施（图98）、穴状施、埋施等方式，以在树冠滴水线附近开沟施肥较多。按春、夏季根浅则开浅沟施，秋冬季根深则开深沟施；有机肥深施，无机肥浅施的原则。环状沟深10~15厘米，宽约30厘米；放射沟宜从树干30厘米处向外开浅沟，逐渐向外缘加深；穴状施在树外缘挖直径20~30厘米小穴若干个，每次施肥位

图96　环状沟施肥

图97　放射沟施肥

图98　对称沟施肥

置要轮换，不要重叠。

（2）灌溉施肥

将肥料溶于灌溉水中，通过灌溉系统进行施肥，具有节约用水、肥料肥效高、不伤根叶、有利于土壤团粒结构保持等特点。喷灌施肥可节省用肥11%~29%。若采用滴灌，则更省肥，这是现代化果园施肥新方法。

（3）根外追肥

根外追肥普遍用于保花保果、大树移植，以及植株受旱、受涝等树体保护上。使用时要注意肥料的种类和质量（表8），未用过的种类应试用后才能大面积应用。肥料特性各有不同，千万不要混成"十全大补酒"，以免肥效消失并造成肥伤落叶。红壤土和沙壤土是栽种砂糖橘主要土类，以欠缺镁、硼、锌等元素症状最普遍，可喷0.3%硫酸镁、0.2%硫酸锌和0.1%硼酸，通常在每次梢前或转绿期喷。加上常用的0.3%磷酸二氢钾、0.3%~0.5%尿素及营养型核苷酸等构成根外追肥常规一族。

表8 根外施肥种类与使用浓度

肥料种类	使用浓度/%	肥料种类	使用浓度/%
尿素	0.3~0.5	硫酸锰	0.05~0.1或（加0.1熟石灰）
硝酸铵	0.3	氧化锰	0.15
硫酸铵	0.3	硫酸镁	0.1~0.2
过磷酸钙（滤液）	0.5~1.0	硝酸镁	0.5~1.0
磷酸铵	0.5~1.0	硼酸（硼砂）	0.05~0.1
草木灰（浸提滤液）	1.0~3.0	钼酸铵	0.008~0.03
磷酸二氢钾	0.2~0.4	钼酸钠	0.007 5~0.015
硝酸钾	0.5	硫酸铜	0.01~0.02
草木灰（浸提滤液）	1.0~3.0	氧化锌	0.2
硫酸钾	0.5	高效复合肥（滤液）	0.2~0.3
柠檬酸铁	0.1~0.2	人尿	8~10
硫酸锌	0.1~0.2或0.5~1.0（加0.25~0.5熟石灰）	牛尿	5（放置50天后）

（三）排水和灌水

南亚热带种植区雨水虽然充沛，但降雨不均，夏季多雨，易出现涝害，需排水；而秋冬季则是干旱季节，又是果实膨大期及树上留果保鲜期，需水迫切。灌水是丰产丰收的主要措施。

1. 不同季节的水分管理

不同季节的水分管理可概括为："春（保）湿、夏排（水）、秋灌（水）、冬控（水）"。

（1）春旱适时灌水保湿

春暖发芽开花需要水分，才能抽发好花枝，遇干旱则会导致发梢迟，花枝纤弱，易落蕾，畸形花多，坐果率低。但水分多，则枝梢旺长，花蕾发育不良，早期脱落，低产。因此，春季果园要通过适当灌水保持土壤湿润，有积水时则要及时排除。

（2）夏季注意排水

夏季是雨季，雨季来临前应修好排水沟，避免积水烂根，引起大量落果。就算是丘陵山地果园，亦会因暴雨积水烂根而发生植株黄化，故及时排水很有必要。遇有夏旱时，适当灌水亦有必要。

（3）秋冬灌水防旱（图99）

南亚热带地区每年9月后即进入干旱季节，要做好灌水工作，保持土壤含水量在70%~80%，可增产10%以上。当然，平地、水田果园要在大寒前后适当控水，至秋梢叶片微卷，早上展开，约20天时间，即可促进成花。为了提高砂糖橘

图99　秋冬干旱造成植株叶黄、卷叶、落叶

果实品质，采前10天左右要停止灌水；树上留果保鲜的，则可灌"跑马水"来满足树体、果实对水分的需要。

2. 合理灌溉

（1）灌溉时期

用叶片卷叶情况来判断是否需要灌水不能及时解决柑橘需水的问题。目前，采用的方法：一是测定土壤含水量。常用烘箱烘干法，在主要根系分布的10~25厘米土层，红壤土含水量18%~21%、沙壤土含水量16%~18%时，即应灌水。二是测量果径。在果实停止发育增大时，即为需要灌水期（图100）。

图100　果园开沟进行灌水

三是土壤成团状况。果园土为壤土或沙壤土，在5~20厘米深处取土，用力紧握土不成团，轻碰即散，则要灌水；如果是黏土，就算是可以紧握成团，轻碰即裂，也需灌水。四是应用土壤水分张力计，装于果园中，用来指导灌水，现已较普遍使用。

（2）灌水量

一般以挂果40千克植株计算，每株每次灌水量200~400千克，抗旱人工淋水约250千克，但10天左右即要再淋一次。如果结合松土、覆盖杂草，则可保持半个月左右。实际灌水后以主要根系湿润为度，而灌"跑马水"，则以观察叶色及新梢叶片微卷为度，多用于水田、平地果园。最好安装土壤水分张力计，测定最佳值来判断灌水量。

（3）灌溉方法

一是沟灌，利用山水、水库水或水泵抽水，开沟进行果园灌水，适用于水田、平地、水平梯田（图101）。二是喷灌，有固定与移动两种：固定式要安装机械压力，将水从喷头喷出灌溉；移动式要用机械动力将水从喷头喷出，灌水的管道临时铺设，其优点是水分喷出均匀，

图101 有条件的果园可铺设管道灌水

工效高，并可结合根外追肥，增加光合效能。此外，有低头微量喷灌和滴灌，即在树盘处设滴水或微喷装置，让水长期慢慢地滴入树盘或呈雾状喷出。该装置装有计算机系统，形成全自动节水灌溉系统。由于设备较复杂，而亚热带区域降雨日数多，属季节性短期干旱，应用尚待试探。

3. 及时排水

南亚热带地区夏季多台风雨，水田、平地果园应及时通过3级排水系统排除积水，丘陵山地果园则要修筑水平梯田保水。在保肥、保土的同时，应迅速排除积水，防止山洪冲入园内。水分过多，果园土壤含水量饱和，就会出现植株烂根，叶片黄化，引起裂果、落果。

4. 防涝害

受洪水淹浸的果园，在水退时要迅速清除园内杂物，利用洪水泼洗被污染的枝叶，洗去泥渍；果园退净水后，对冲倒的植株培土扶正护根，清沟排除积水，待土壤干爽后，浅松土，让根部恢复通气，半

图102 雨季清沟

图 103 水淹果园后，要及时清洗水浸后的叶和果（麦国荣　提供）

个月后淋施含有生根粉的腐熟有机液肥，促进根的生长（图102、图
103）。对被洪水冲倒或露根的植株，采取疏枝回缩修剪，疏除过密果
实，减轻树体负担，随后加强根外施肥及加喷防治树脂病、溃疡病、
炭疽病发生的杀菌剂，保证涝害后植株迅速恢复生长。

七、砂糖橘结果树健壮秋梢培养技术

要使砂糖橘开花多，花的质量好，坐果率高，必须有长度20厘米左右、数量多的秋梢结果母枝作基础。砂糖橘结果树的结果母枝以秋梢最优，占秋梢总数的六成以上。因此，培育好秋梢成为连年丰产的关键措施之一。

（一）适时放秋梢

从砂糖橘发梢力较强、秋梢老熟较快的特点来考虑，正常年景，多数果园在立秋至处暑期间放梢比较合适，而衰弱树、丰产树、老龄树，则应提早至大暑放梢。通常3~4年生树立秋后10天放梢，5~7年生树立秋前5天放梢，8年生以上树大暑至立秋放梢。不同地区应根据树势及结果情况提早或推迟放梢。同一树龄树势差、挂果多的果园，放梢期应提早10天左右；反之，则迟些放梢。

（二）秋梢期的肥水管理

秋梢水肥按梢前攻、梢后壮、适时灌水的原则施用。秋梢肥占全年总肥量的40%左右，分3次施用：一是梢前50天埋花生麸粉；二是放梢前半个月施速效氮肥；三是在吐梢齐一至自剪时施壮梢肥。另外，在梢转绿期进行根外追肥，干旱时要适当灌水，促梢转绿充实，具体见施肥时期。

（三）夏剪促梢

在放梢前半个月左右，树冠营养枝经多次抹芽后，芽基部长成瘤状，必须短截除去，才可抽发理想的枝梢（图104至图106）。对没有

图 104　夏季短截

图 105　短截后发梢

图 106　疏梢

结果的衰弱枝群，采用短截修剪，促剪口潜伏芽萌发。剪口粗 0.5 厘米左右，短截时留下 10 厘米枝桩。单株剪口数量：结果 40 千克左右的 5 年生树，剪口 80 个左右。一般每个剪口可抽 3 条左右长 20 厘米的健壮秋梢。为保证枝梢粗壮，一条基梢超过 3 条秋梢的要疏梢。一般可通过控制短截时间、剪口粗细及枝桩长短来控制条数，省去疏梢人工。

（四）新梢保护

秋梢期高温多湿，病虫害多，当嫩芽 0.5 厘米长时就要开始喷药，隔 7 天左右又喷一次药，以保护新梢，详见病虫害防治内容。

八、砂糖橘结果树促花保果技术

（一）控冬梢促花技术

砂糖橘花芽形成是由叶芽向花芽转化的过程。花芽分化在果实开始转黄时进行，也就是 11 月中下旬开始。在此前落叶的植株无花，在此后落叶的植株有花。若在这一时期短截秋梢等末级枝，翌年就无花，故秋梢在果实转黄后千万别随意短截。花芽形成最多是在春芽萌发前数周，结束时间在春芽萌发的 2 月上中旬。影响成花因素有砧木、水分、气候、土壤及栽培技术等。促进砂糖橘的成花技术如下：

1. 控制水分

11 月中下旬花芽形成期要减少水分供应，提高植株营养液的浓度，对生长壮旺的幼年结果树特别有效。平地、水田果园冬季挖深排水沟，12 月控水至秋梢叶片中午微卷，第二天早上展开，保持 25 天左右，见内膛枝少量叶片黄落、土壤有龟裂时，就达到了控水目的。如秋梢叶片早上卷曲，不展开，就要灌"跑马水"或人工淋水，以防止落叶。控水过度，秋梢叶片卷成筒状，亦无花芽形成。

2. 断根促花

水田、平地根系较浅的果园，幼年结果树、壮树 12 月在树冠滴水线两侧

图 107　冬天挖深穴断根施肥可促进花芽分化

犁或深锄 25~30 厘米断根并晒根（图 107），至中午秋叶微卷、叶色稍褪绿时覆土，或在树冠四周深耕 20 厘米深。中年结果树若树上不留果，则在采果后全园浅锄 10 厘米左右，锄断表面吸收根，达到控水目的。

3. 药物促花

在秋梢老熟后 11 月中旬左右喷植物生长调节剂，用 15% 多效唑 300 倍液（即 500 毫克 / 升），隔 25 天喷第 2 次。这是一种安全有效的促花方法，树上留果保鲜果园采用这一措施最为方便，且安全有效。

4. 环割或扎铁丝促花

对山地等主根深、生势壮旺的果园，宜采用环割、扎铁丝促花（图 108、图 109），于 12 月中旬进行。幼年结果树可环割主干，青年结果树割主分枝，以刀割断韧皮部不伤木质部为度。割后 7~10 天即见秋梢叶片褪绿，成花就有希望。若至翌年 1 月中旬仍不褪绿的植株，可再割 1 次。环割是刺激强烈的促花方法，首先要关心寒潮预警，确保割后 5 天内无寒潮，割后不会因寒冷落叶，遇有落叶时要及时灌"跑马水"或淋水。早春要提早灌水、施促

图 108 环割促花

图 109 扎铁丝促花（幼年树扎主干，成年树扎主枝）

花肥，割后不可喷碱性农药。

扎铁丝用 14~16 号铁丝扎枝干，使铁丝的 2/3 陷入皮层，不伤木质部。幼年结果树可扎主干，树干粗大的植株则可扎粗 3~4 厘米的枝干，扎后 1 个月叶色褪绿时，可解除铁丝。

5. 弯枝及扭枝

初结果树易出现较直立的徒长枝，要使这类枝开花结果，除采用环割外，还可采用弯枝或扭枝促花（图 110、图 111）。当秋梢老熟后，用塑料薄膜带将徒长枝拉弯，亦有用撑枝辅助，待叶色褪至淡绿色即可解缚。而扭枝则在秋梢刚充实，用手将枝条从基部扭转一圈，扭爆木质部，枝即会下垂，叶褪至淡绿色，春天又会恢复原状。

图 110　徒长枝扭枝促花

（二）保花保果技术

砂糖橘开花多，但结果不多，一般坐果率在 1.5% 左右，低的在 1% 以下，故要采取措施，减少前期落果，提

图 111　弯枝或扭枝促花

高坐果率。

1. 落蕾、落花、落果原因

营养不足，影响花蕾发育，花多在花蕾期脱落，畸形花亦多在开花期脱落。

砂糖橘的3个落果时期及落果原因：第一次生理落果（图112），在谢花后小果带果柄脱落，持续1个月左右，是由于内源激素失调或外界低温阴雨、光照不足，约90%的花蕾、畸形花及小果都在此时落掉。第二次生理落果（图113），小果是从蜜盘处脱落，此次落果距上次落果结束后20多天才开始，突然产生大量落果，一直延至7月上旬结束。落果是树体营养及内源激素欠缺造成的，因自交不亲和，果实缺乏种子而不能产生内源激素促进果实发育而产生大量落果，与光、温、气、热、水等外界条件不良也有关。此次落果占总落果的8%以上。若以坐果率计，坐果率仅0.94%~1.58%。保果重点是减少此次落果。三是后期落果，为生理落果结束后所产生的落果，主要原因是裂果，以及台风、病虫害等引起。

图112 第一次生理落果

图113 第二次生理落果

2. 保花保果措施

（1）增加营养保果

现蕾前半个月施以氮肥为主的促花肥，以及喷硼和锌叶面肥，有助于花器发育和受精完成。在开花2/3时，施以复合肥为主的谢花肥，供幼果转绿所必需的营养元素镁、锌、硼、磷及钾等，均需喷保果根外追肥1~2次。另外，若喷营养型核苷酸、氨基酸和其他有机营养素保果，会有较好效果。

（2）防涝防旱

保果期间要保持土壤湿润，避免干湿失调而引起烂根，产生大量落果。特别是遇旱要灌水，雨水过多时要及时排除积水。

（3）疏除过旺春梢（图114）及早夏梢

这是解决抽梢与结果矛盾的方法，适用于幼年结果树、青壮年树。一是疏除过旺生长的春梢，在梢自剪前按"三除二""五除三"的原则疏去部分新梢。二是摘心，当春梢长至15厘米时要摘心节约养分。三是在夏梢3~5厘米长时全部抹除，直到7月上中旬第二次生理落果结束。控梢及疏梢，可根据结果量，采用环割保果，以果压梢保果，都是减少用工、控制夏梢的措施。

图114 疏除部分营养春梢保果

（4）植物生长调节剂保果

国家允许使用的植株生长调节剂种类有细胞分裂素类（如6-BA）

和赤霉素（九二〇）。6-BA 可有效防止柑橘果实第一次脱落，效果较赤霉素好，但 6-BA 对防止第二次生理落果无效。九二〇则对防止第一次、第二次生理落果均有良好的效果。砂糖橘生产上分别在第一次和第二次生理落果期喷一次赤霉素（30 毫克 / 升），对保果效果显著。但亦有生产者求果心切，措施不当，所获效果未如理想。广东省农业科学院果树研究所在 4 年生砂糖橘谢花期喷赤霉素（30 毫克 / 升）一次后，再按处理①：在 10 天后再喷一次（35 毫克 / 升），并环割 1 次，第一次生理落果期坐果率 17.23%，第二次生理落果期坐果率 2.41%，喷清水对照坐果率分别是 6.08% 和 1.12%，这说明赤霉素有一定效果，但措施都用在第一次生理落果，而第二次生理落果期长达两个多月，没采取措施。处理②：在第二次生理落果期间继续喷保果剂，其坐果率达到 4.52%，效果显著，说明不能求果心切，一下子各种措施都一起上，效果反而不理想。

（5）环割保果

实践证明，生势壮的果园在天气晴朗时，幼果期只采用环割 2 次，就能达到保果的目的。环割针对树势旺、花量多、坐果率低的植株，因环割暂时阻止由叶片制造的有机营养向下输送，使地上部积累更多的养分供果实发育，但多年采用环割会出现树体早衰，生长结果都会受到影响。20 世纪 90 年代，由于袖珍型砂糖橘果实销路好，许多果园滥用环割技术促花保果而使果实变小，树势早衰（图 115），这必须引起生产者注意。

图115 过度环割会使植株衰弱变成小老树

但亦有些特殊的情况，需

要采取特殊的技术措施。清新县天堂山沙田柚高接砂糖橘，为消除中间砧对砂糖橘过旺生长的影响，在保果时采用特殊环剥技术，提高坐果率，起到以果压梢的效果，并生产出优质果。但此项技术若采用不当，会造成死树，要慎用（图116）。用于果园一定要经过试用，除果树壮旺外，还要求果园土层深厚肥沃，肥水管理方便，管理人员掌握技术到家。

图116 慎用环剥保果技术，以免发生落叶、枯萎

（6）雨天摇花，改善光照

砂糖橘花期正值南方阴雨天气，开花后花瓣因黏着小果，光照差，易发黄脱落。一般从花期开始，隔几天即摇动树枝一次，以震落花瓣，使幼果接受阳光，迅速转绿，提高坐果率。对于密植封行果园，此措施尤为重要。

九、砂糖橘结果树整形修剪技术

（一）修剪时期

1. 冬季修剪

冬季修剪是采果后至春芽萌发前进行的修剪，主要从枝条基部疏剪病虫枝、枯枝、交叉枝、过密荫蔽枝、衰退的结果枝和结果母枝（图117）。对衰退的大枝序进行回缩修剪以更新树冠，目的是剪除废枝，保留壮枝，调节树体营养，控制和调节花量，以充分利用光照，达到生长与结果的平衡。

图 117 冬季修剪采用疏、短、缩方法

图118 夏季修剪以短截为主

2. 夏季修剪

夏季修剪是春梢老熟后到秋梢萌发前进行的修剪（图118）。夏剪时间最好在放秋梢前15天左右。夏剪的对象主要是短截更新1~3年生的衰弱枝群，促发健壮的秋梢。夏剪要留有10厘米枝桩，以便抽吐新梢。短截枝条的粗度根据树体状况而定，衰老树则短截直径0.5~0.8厘米的衰弱枝群，青壮年树可短截0.3~0.5厘米的衰弱枝群。短截枝条多少应根据树势而定，特别是根据衰弱枝多寡而定，丰产期树以80~100条为宜。砂糖橘内膛短壮枝结果能力强，应尽量保留。

夏季修剪除短截外，因春季采果迟而未能全面进行冬剪的植株，应对过密、过弱的枝条，以及枯枝、病虫枝等进行疏剪，达到通风透光，养分集中，促进新梢萌发。

（二）几种枝条的处理

1. 徒长枝处理

砂糖橘结果树常见超过主枝的徒长枝，长40厘米左右，扰乱树冠，消耗养分（图119）。对徒长枝可按着生位置不同进行修剪：

①徒长枝长在大枝上，无保留必要，应从基部及早疏剪。

②徒长枝长在树冠空缺位

图119 徒长枝采果后要及时短截

置，在 20 厘米处短截，促发新梢，形成侧枝，填补空位。

③长在末级枝上的徒长枝，一般不宜疏剪，可在停止生长前进行摘心。

2．下垂枝处理

下垂枝具有较强的结果能力，应在结果后才进行疏剪或短截，尽量保留或培养下部枝（图 120）。

图 120 疏剪下垂枝和过密阴生枝

3．荫蔽枝处理

砂糖橘的内膛枝只要是能获得散射光的较壮半阴生枝，仍具有较强的结果能力，是青壮年结果树生产"起砂"砂糖橘优质果的枝条，待结果后才剪除，但对过密的全阴生枝，则要及时疏剪，以利于通风透光。

4．丛状枝处理

因树势减弱，外围产生丛状枝群，这些枝群要短截留下 10 厘米左右的枝桩，以促发壮梢。若呈现扫把状枝序，则要在枝粗 1~2 厘米分枝处锯掉，形成通风透光大、具"开天窗"的树冠，保持立体结果。

5. 结果枝和结果母枝处理

若时间允许，结果枝（图121）和结果母枝可结合采果时进行修剪，一般在采果后进行处理：

①结果枝衰弱，叶片小，叶色枯黄脱落的，自基部剪除。

②结果枝健壮，叶色绿，叶片齐全，可在壮枝前下剪，剪去先端衰弱部分。同一枝上无壮枝时，则保留不剪。

图121 采果时将结果枝剪下可减少修剪工作量

③结果母枝衰弱的要疏剪，如结果母枝上有强壮营养枝，则自营养枝上短截。

（三）不同类型结果树的修剪

1. 稳产树的修剪

这类树枝梢生长和结果协调，丰产稳产，修剪时应疏剪和短截相结合。密生枝、弱枝宜疏剪，保留健壮半阴生枝。树冠外围衰弱枝组宜短截更新，保持100个短截剪口，以促发数百条标准秋梢，为连年丰产打下基础。

2. 大年树的修剪

大年树（图122）是指上一年结果少而抽梢多的当年开花结果多的树。要通过夏季短截衰弱枝组，促发一定数量强壮秋梢，以保证来年结果。一般在放秋梢前20天，对落花、落果枝及叶细枝短弱的衰退枝组，在0.6厘米粗处短截，留下10厘米长的枝桩，促吐2~3条标准秋

图122 大年树

梢，每棵树短截枝条数80~100条，有足够数量的枝梢成为次年结果母枝。冬剪以疏剪为主，短截为辅，对枯枝、病虫枝、过密阴生枝进行疏剪，对细弱、无叶的光秃枝可多剪除，以减少无效花枝。

3. 小年树的修剪

小年树是指上一年结果多而抽梢少的当年开花结果少的树，此类树宜轻剪。夏剪时，对当年落花落果枝、弱春梢和内膛衰退枝等，要多短截0.6厘米粗的枝，留10厘米枝桩，以促发标准的秋梢。冬剪时，多保留强壮枝，只剪去枯枝、无叶枝及病虫枝，对树冠的衰退枝要多疏剪，衰老枝要回缩。

4. 衰弱老树的更新

（1）保持立体结果强剪法

对不断向上长高的树冠，采用高空开"天窗"（图123）和株间强剪。在冬季促花时对计划处理的高空枝序和交叉枝组采用扎铁丝促花，让要处理的枝组开花结果多，至冬春收果后强剪，保持株间有 30 厘米的空间。对超高枝组锯枝后，如开"天窗"，使阳光照射株间，保持立体结果。株间交叉枝组每年采取一伸一缩的压缩式修剪，维持立体结果。

图 123 压顶开天窗

（2）枝组更新

全树枝干部分衰退，部分尚可结果时，对衰退 2~3 年的侧枝进行短截，以促发强壮新梢，经 2~3 年轮换短截，即可更新全部树冠。注意保留有叶、梢壮的枝条，在更新期内，每年保留一定产量，经 3 年左右可恢复树势和产量。

（3）露骨更新（图 124）

适用于轻度衰老树，发梢力差、结果很少的衰老树及密植荫蔽植株也可采用露骨更新回缩修剪。修剪方法是保留主枝，疏去交叉枝、重叠

图 124 露骨更新

枝、侧枝，回缩3~4年生枝组，注意保留树冠中下部有叶片的枝条，经修剪后当年即可抽出健壮枝梢，恢复树冠，第2年即可恢复树势和产量。

（4）主枝更新（图125）

对失去结果能力的老弱树，在主枝或副主枝处锯断，锯口应削平，当年锯除后发强壮枝梢，重新形成骨架和树冠，3年左右即可恢复树势与产量。

（5）根系更新（图126）

将树冠下的表土扒开，检查侧生根群，见烂根即行剪除，然后暴晒1~2天，并撒下石灰1千克，或淋施30%土菌消水剂1 000倍液，适当施用草木灰，铺上腐熟堆肥，然后盖土，并覆上杂草保湿。为促进生根，可淋生根粉液等，约半个月后即发新根，开始恢复树势。

图 125　主枝更新

图 126　老弱树应先进行根系更新

十、砂糖橘果实品质提高技术

（一）适地栽种

可以栽种砂糖橘的地方不少，但最能发挥它优质丰产优势的是南亚热带地区。广东省1999年出现全省性低温，自12月下旬起，连续数天最低气温在 -3~-2℃，包括西南部阳春市所有砂糖橘产区果实均受冻害，说明极个别年份特大自然灾害是难免的，这也提醒人们不要选择经常出现低温霜冻的地方去种植供春节上市的砂糖橘"叶橘"。就算可以种植的地方，也要密切注意当地气象部门的低温霜冻预报，届时除采取必要的防寒措施外，在霜冻来临前采收也是明智选择，以免遭受不必要的经济损失。

（二）连片种植

近年来，无论是几十年生树龄的砂糖橘老产区还是新产区，集中连片种植，均表现为无核或少核。若与多核品种混种，则有核或核增多，且果皮较厚，品质降低（图127）。生产者应规划连片种植，要远离其他柑橘品种种植园。采用华南农业大学育成的无核砂糖橘，只需距其他柑橘园15米，则可有效防止品种间传粉。

（三）科学应用农业技术

砂糖橘品质与土肥水管理、整形修剪、病虫害防治、植物生长调节剂的应用等都有关系，是多种因子综合作用的结果。

1. 合理施肥

增施有机肥对提高砂糖橘品质的效果显著，施用有机肥量应占施肥量的50%以上。增施有机肥，可促进果实中干物质和糖的积累，调

图127 砂糖橘与多核品种阳山橘混种，果实易产生种子

节糖酸比，保持芳香浓郁的风味，显著提高果实表皮花青素含量，使果皮更加橘红鲜艳。

砂糖橘许多生理病害与施肥关系密切，如缺锌、镁、硼等症状。为使营养元素供应均衡，结果树氮、磷、钾三要素配比应以1∶0.5∶0.8为好。若氮、钾比超过此范围，则果皮粗厚且味偏酸，不耐贮藏。

2. 合理管理土壤水分

砂糖橘果实成熟时，遇连续降雨，果实可溶性固形物含量下降2%，还会因果肉吸水风味变淡，失去该品种固有品质，伴随出现浮皮现象。若能保持土壤适度干燥，则可提高果实甜度。因此，采果前10天左右，果园停止灌水，有利于提高果实品质和耐贮性。

3. 重视整形修剪

对树冠交叉的果园进行回缩修剪、疏剪、高接、开"天窗"等措

图128 疏去夹心枝　　　　　**图129** 柚中间砧高接树

施，增加树冠通风透光性，有利于果实着色（图128、图129）；对密植果园树冠相互交叉的或计划间伐的植株进行强度回缩修剪，直至将植株移走，光照得到改善，有利于果实着色和品质提高；亦可在果园铺设反光膜，增加反射光，来改善密植果园光照。还要善用环割措施，保持树势，避免果实变小。

4. 及时合理疏果

砂糖橘果实以横径4.5~5.0厘米，单果重45~50克，其商品价值较高，更受消费者欢迎。但幼树结出的果实超标准，大果较多，可通过夏剪促梢将树冠外部单顶大果疏掉，促发多条第2次夏梢或秋梢，逐步减弱强枝结大果的现象。若丰产树结果过多，果实小时，则可通过控制花量，在花露白时剪去纤弱的无叶花枝，以减少小果的数量。

十一、砂糖橘树上留果保鲜技术

　　树上留果保鲜技术，又称挂树贮藏技术。砂糖橘果实与其他柑橘类果实一样，在成熟过程中没有一个明显的呼吸高峰，所以果实成熟期较长。利用这一特性，生产上可将已经成熟的果实继续保留在树上，分批采收，供应市场（图130、图131）。将在

图 130　选叶果比适合的树留果保鲜

图 131　叶黄果多树不宜留果保鲜

12月采收的果实延迟至春节以"叶橘"采收上市，供消费者作为年货馈赠亲友，价格提升三成以上。经树上留果保鲜的果实，色泽更鲜艳，含糖量增加，可溶性固形物含量提高，柠檬酸含量下降，风味更香甜，肉质更细嫩，深受消费者的欢迎。

留果保鲜技术要点如下：

（一）加强肥水管理

1. 重施有机肥

留果必然增加植株的负担，消耗更多的养分，若营养供应跟不上，就会影响来年的产量，11月上旬要重施有机水肥1次，留果40~60千克的树，每株施含500~1 000克经沤熟的麸肥或猪粪尿50~75千克加复合肥200~300克，并注意喷施根外肥，增加树体营养，提高树液浓度，增强抗寒力，以利于花芽形成。

2. 适时排灌水

留果期间，发现果皮松软时，属于冬旱缺水，要注意及时灌水，保持土壤湿润。平地或水田果园由于水利条件好，易于满足砂糖橘需水较多的特性，树上留果保鲜易获得成功。采果后要立即灌水并施肥，以速效氮肥为主，兼施磷、钾肥，迅速恢复树势，促春芽萌动，力争连年丰收。

在多雨季节要注意排涝，以防止产生浮皮等生理病变和落果。在雨量过多的地区，必须进行地膜覆盖或者树冠覆膜。

（二）合理把握留果时间

留树果实的采收时间应综合考虑市场供应情况、品种和当地气候条件来定。采收过迟，果实枯水，含糖量减少，品质下降，腐果和落果严重。一般留果约1个月，如再延迟，就要考虑在果实开始转黄初期喷赤霉素（九二〇）（10~15毫克/升）保果，以延缓表皮衰老。在留果期间，发现果实外果皮松软、果品质下降时，要及时采收，避免损失。为搞好保叶过冬，在冬季还应喷赤霉素（20毫克/升）。喷赤霉素后会使果实品质稍下降，施用浓度要恰当。若果实过熟，果皮衰老，易感染病害，贮运时挤压会产生大量烂果。

（三）防止果实受冻

留果期间是低温霜冻发生频繁季节，易发生冻害。果实受冻伤后，果皮完好而皮肉分离，用手压，有空壳感。冬季气温0℃以下的地区，不宜进行果实留树保鲜。个别年份会出现0℃低温的果园，要及时采取熏烟、套袋和树冠覆膜等防霜冻措施。出现0℃以下低温时，要立即采收，防止果实冻伤，不堪食用，造成经济损失。要密切注意天气预报，及时防范霜冻害。

（四）适时喷药防病

在树上留果保鲜期间，喷70%甲基托布津可湿性粉剂1 000倍液或50%多菌灵可湿性粉剂800倍液，亦可结合喷赤霉素时混合使用，减少果实贮藏期多种病害病原且有喷药清园的效果。留果保鲜期间，果皮已衰老，易产生药害，喷药时注意用药浓度，对强碱性农药要控制使用，避免因此产生油胞破损（俗称"走油"）现象，影响果实品质，甚至出现烂果、落果。若此时"冬寒雨至"，雨水会使树上大果的果皮吸水发泡，亦要及时采收，避免引起烂果。

树上留果保鲜供春节"叶橘"上市是讲究天时、地利、人和的综合因素，千万要小心。

十二、砂糖橘树体保护技术

（一）防台风害

砂糖橘主产区地处东南沿海，每年6—9月频遭台风侵袭，常造成损枝伤果及落果、断枝、倒树。强风暴雨引起丘陵山地果园水土流失，平地、水田果园受浸，会引发炭疽病、溃疡病。预防及减轻台风为害的主要措施如下：

（1）建园时，不要选择易遭风害地点，宜选南坡或西南坡能避风的小气候环境。

（2）营造防护林，降低果园风速。

（3）选用抗风力较强、根系发达的酸橘或红橘作为砧木。

（4）立支柱，树高挂果多的树，采用吊枝法（图132），可避免吹

图132 用吊枝法防风护果

折枝梢。

（5）台风过后，立即进行果园的清理工作，排除果园积水，清除果园中断枝落叶，并做好预防炭疽病、溃疡病大发生喷布杀菌剂的清园工作。对倾倒的植株，可分次进行扶正，应避免一次扶正拉伤固着的根系，并培土培肥，培养新根。对有淤泥堆积的果园，要扒土、松土，以恢复根的生长。对不同程度受损的枝组、侧枝、骨干枝进行更新处理，根据挂果情况进行适当疏果，并加强根外追肥。

（二）防冻害

砂糖橘对低温霜冻比较敏感，树体尚可抵御一定的低温（-5~-3℃），而目前生产者多采用树上留果至春节时采摘，花果在所有砂糖橘的器官中最不耐寒，在 0℃以下即会受冻，果实在 -2~-1℃时已经受冻。因此，要注意霜冻天气预报，密切关注本地小气候环境，在出现霜冻害的前期，做好预防措施：

（1）加强管理，提高树体的抗寒能力。秋冬季多施有机肥，增施磷钾肥及硼、锌、钼、锰等微量元素，都有助于增强树势，提高抗寒力。

（2）熏烟防霜冻。熏烟可提高果园温度，达到防寒效果。在天气预报指导下，于无风、晴朗的凌晨 2：00~3：00 点火，并要维持到早晨 7：00 左右，熏烟物可用杂草、谷壳、木糠、枯枝叶等易燃物品。

（3）树盘覆盖（图 133）、丘陵地果园松土、树干涂白等，对防霜冻亦有一定的效果。在发生冻伤后，要及时抢摘，并快速运到市场销售，减少经济损失。

（三）靠接增根

因天牛、裙腐病等病虫害为害，或栽培上的原因，造成根颈、主根或树干下部损伤，或因原砧木不适宜时，均可采用靠接增根法（图 134），使植株恢复正常生长。

图133 树盘覆盖保温

图134 靠接增根

靠接增根全年可进行，以春夏季或每次梢萌发前进行为宜。在准备靠接的植株主干四周挖深25厘米左右的穴3个，选2~3年生砧木苗，剪去过长枝叶斜靠主干。待种活后，即可将主干靠接部位擦干净，选同一高度起棱处各开一长方形小窗，以切开皮层不伤木质部为度。嫁接时将皮层掀开，将砧木在相应部位斜削成20°角的斜面，斜面要光滑，并向着主干，小心插入切口，用薄膜包扎捆紧（如靠接苗难靠近切口，可用麻绳或尼龙带将其拉近主干），以后经常对砧木淋水及除萌芽，经25天左右即可解除薄膜检查成活情况。此外，中耕除草时注意不要碰伤砧木。

十三、砂糖橘病虫害防治技术

（一）主要病害

1. 柑橘黄龙病

柑橘黄龙病（图135、图136）是广东、广西、福建等省区柑橘最重要的病害。该病也叫黄梢病，因首先表现为枝梢发黄得名。又因广东潮汕地区称枝梢为龙，故称黄龙病。植株感染黄龙病后，幼龄树常在1~2年内死亡，结果树则会因患病而衰退，丧失结果能力，直至枯死。柑橘黄龙病是毁灭性病害，对柑橘生产影响十分严重。

柑橘黄龙病的病原是一种细菌，远距离传播靠带病苗木或接穗，田间传播媒介是柑橘木虱。

（1）发病症状

①黄梢。黄梢是指植株开始

图135 幼树黄龙病

发病时，少数顶部梢在新叶生长过程中不转绿而呈现均匀黄化，春、夏、秋梢均会发病，俗称"插金花"。

②黄叶。有以下3种黄化类型叶片：

一是均匀黄化叶（图137）。初期发病树春、夏、秋梢都有发生，叶片呈均匀黄化，叶硬化，无光泽，叶片都在翌年春天发芽前脱落，

97

图 136　结果树黄龙病

以后新梢叶片不再出现均匀黄化。

　　二是斑驳型黄化叶（图 138）。叶片转绿后，叶脉附近开始黄化，黄化部分扩展形成黄绿相间的斑驳，黄化的扩散在叶片基部更为明显，最后叶片呈黄绿色，往后生长比较壮的枝梢叶片在转绿时呈现斑驳型黄化。由于出现时间较长，现以此类型黄化叶作为诊断依据。

图 137　均匀黄化叶

图 138　斑驳型黄化叶

三是缺素状黄化叶（图139）。病树抽出比较弱的枝梢叶片，在生长过程中呈现缺素状黄化，类似缺锌、缺锰的症状，叶厚且小、较硬，称为"金花叶"。

③花果症状（图140）。病树春季提前开花，花量多而畸形，病树花几乎落光，不结果或结果很少，病果小而畸形，略呈长圆形，近果蒂处果皮着色呈红色，其他部位则呈淡黄绿色，称为红鼻子果。也作为诊断依据之一，其果淡而无味。病树根部初期正常，后期出现烂根。

图139　缺素状黄化叶

图140　红鼻子果

（2）防治方法

①严格执行植物检疫制度，控制病原的传播。禁止从病区采购、调运苗木和接穗，以防止病原的传入、蔓延扩散。

②建立无病苗圃，培育无病苗木。无病苗圃应建立在无病区或隔离条件好的地区，也可采用网棚全封闭式育苗，详见无病育苗章节。

③及时处理病树，消灭病源。因为黄龙病的存在对柑橘生产是潜在威胁，一经发现应立即挖除病树（挖除前应喷药消灭木虱）。幼年树及初结果树的果园在挖除病树后半年内补种，盛产期的果园则不考虑补种，重病区要在整片植株全部清除1年后才可重新建园。

④及时防治传病昆虫——柑橘木虱。柑橘木虱只产卵于嫩芽，若虫在嫩芽上发育。因此，要采用抹芽控梢技术，使枝梢抽发齐一，并于每次嫩梢期及时喷有机磷药剂保护，一般在嫩芽期喷药2次，并在

冬季清园时喷杀成虫。

⑤加强果园管理，增强树势。根据果园不同土地条件，加强土、肥、水管理。在树冠管理上，采用统一放梢，加强病虫害防治，坚持一年两剪，控制树冠，复壮树势，调节挂果量，平衡营养生长和生殖生长，做到无病、早结丰产、优质。此外，对初发病的结果树用1 000毫克/升盐酸四环素或青霉素注射树干，有一定防治效果，但也要对柑橘木虱进行防治。

2. 柑橘炭疽病

柑橘炭疽病在柑橘产区普遍发生，侵害枝梢、叶片及果实，招致枝条返枯（枝条由上而下逐渐枯死）、落叶，果实大部分脱落，少数呈僵果挂在树上，严重时采前落果可达20%，对产量影响很大。带病果实在贮运过程中易发生腐烂，还可传染其他果实，引起发病，增加烂果，所以该病也是一种主要贮藏病害。

炭疽病是一种真菌病害，病菌在病枝叶上越冬，次年春天当环境条件适宜时，由风雨或昆虫传播到春梢，引起发病。病菌还具有弱寄生性，树体衰弱易受侵染。

（1）发病症状

①叶片症状。在广东，该病为害叶片有两种症状：一是急性型（图141、图142），常从叶尖或叶缘开始，初期呈淡青色带暗褐色，如同被开水烫伤一样的小斑，往后小斑迅速扩展为大的斑块，其边缘与健

图141　急性炭疽病叶

图142　急性炭疽病造成果园大面积落叶

部界线不明显，病叶很快脱落，在潮湿状态病斑上就会产生很多朱红色黏性液点。二是慢性型（图143、图144），在叶尖或叶缘先端先显出黄褐色病斑，病斑逐渐扩大成圆形或不规则形。天气干燥时病斑与健部界线明显，阴雨潮湿时则不明显。后期天气潮湿时，斑点上出现许多朱红色黏性液点，天气干燥时，病斑呈灰白色，出现密布同心轮纹状排列的小黑点，为本病特征。病叶脱落稍慢，叶芽初发病时呈嫩黄色，受害后不会开展，梗部变褐后，叶芽便脱落。

图143 慢性型炭疽病叶

图144 慢性炭疽病枝条症状

②枝条症状。初春梅雨季节，常见幼嫩春梢染病后呈浅黄色，以后枝条中央或基部的皮层局部变褐色或黑褐色，甚至腐烂，病部略凹陷，枝条很快干枯。一般天气，枝条受害后出现返枯症状，初期病部褐色，以后逐渐扩展，最后枝条干枯，病部转为灰色，叶片全部脱落。潮湿天气时，病部会出现许多朱红色小液点，干旱时小液点变黑色。

③花果症状（图145）。开花后，如雌蕊的柱头被侵染，则呈褐色腐烂，会引起落花。果实受害时，多为果柄靠近果蒂的部分先呈黄色，以后转为褐色斑，招致离层产生而落果。天气比较干燥时，果蒂部的病斑大小有一定的界限，边缘明显，呈黄褐色至栗褐色，凹陷，革质。瓤瓣一般不受害；空气潮湿时，果上病斑呈深褐色，并逐渐扩大，直至全果腐烂，瓤瓣也变黑腐败，果上病斑也会出现很多朱红色小液点或黑色小点。病果因失水干枯变成僵果，悬挂于树上。

图145 果蒂炭疽病症状（蔡明段 摄）

（2）防治方法

①注意果园排水，适当增施钾肥，避免偏施氮肥，增强树势，提高树体抗病能力。

②搞好采果后至春芽前的清园，及时剪除患病枝梢集中烧毁，并喷0.8波美度的石硫合剂或20%石硫合剂乳膏剂100倍液一次，消灭病原菌。

③在春、夏、秋梢期各喷一次药保护，可选用：0.5%等量式波尔多液、80%大生M-45可湿性粉剂600~800倍液、70%甲基托布津可湿性粉剂800~1 000倍液、50%多菌灵可湿性粉剂800~1 000倍液、25%炭特灵可湿性粉剂300倍液、60%炭疽灵可湿性粉剂800~1 000倍液。已染病时则选用75%百菌清+70%托布津（1：1）1 000倍液、25%施保克乳油1 000倍液或25%应得悬浮剂1 000倍液。

3. 柑橘黄斑病

又称脂斑病、脂点黄斑病等，是柑橘常见的落叶性病害，严重时使树势衰弱，产量下降。黄斑病是一种真菌病害，病菌在病叶中越冬，次年春天，由风雨传播到春梢嫩叶上去，一般4月开始发病，5月中旬发病最烈，秋旱后病斑最为明显，春梢发病较严重。

（1）发病症状

有脂点黄斑型、褐色小圆星型（图146、图147）及混合型3种症状：

图146 脂点黄斑病症状（蔡明段 摄） 图147 叶片褐色小圆星黄斑病

①脂点黄斑型。叶片初发病时，背面出现粒状单生或聚生的黄色小点，以后随着叶片长大，黄色小点逐渐变为疱疹状淡褐色至深褐色不规则小斑，叶片正面出现不规则褪绿黄斑，多发生在春梢叶片上。

②褐色小圆星型。叶片背面出现针头大小突起的褐色小圆点，圆点周围隐现黄圈；叶片正面则褪绿成不规则黄斑，多发生在秋梢叶片上。

③混合型。叶片正背面均出现脂点黄斑型病斑及褐色小圆星型病斑，多发生在夏梢叶片上。

该病的发生程度与栽培管理的好坏有密切关系。水肥条件好，树势旺盛，发病轻，落叶不严重；反之，发病多，落叶严重。另外，老龄树发病重，幼树、壮年树发病轻。

（2）防治方法

①加强栽培管理，增强植株的抗病能力，注意果园卫生，清除地面落叶，减少病源。

②在花落2/3时可喷80%大生M-45可湿性粉剂600~800倍液、50%多菌灵可湿性粉剂800~1 000倍液、70%甲基托布津可湿性粉剂

800~1 000 倍液、75% 百菌清可湿性粉剂 500~700 倍液或 77% 可杀得 2000 型 500~1 000 倍液。在梅雨季节前喷 1 次多百液（即用多菌灵 6 份混合百菌清 4 份）800 倍液，并在一个月后再喷 1 次，有较好的防治效果。

4. 柑橘油斑病

也称虎斑病、熟印病、干疤病，广东潮汕柑农称为"走油"，是柑橘类果实的主要病害之一。油斑病不仅影响果实的外观，而且还易导致其他病菌侵入，造成果实腐烂。油斑病是由于油胞破裂后橘皮油外渗，侵蚀果皮细胞而引起的一种生理性病害。如在采前昼夜温差大和露水重，果实近成熟期受到机械损伤或受红头叶蝉为害，果实生长后期使用松碱合剂、胶体硫和石硫合剂等农药，以及贮藏期温、湿度和气体成分等因素不适宜，均可引起橘皮油外渗而诱发油斑病（图 148）。砂糖橘果皮结构细密脆嫩，故发生多。

图 148 油斑病症状

防治方法

①适时采摘果实。注意不在下雨天和露水未干时采摘，并在霜冻出现前采摘完毕。果实在采摘和贮运过程中避免人为损伤，贮藏前果实应先摊放 2~3 天。

②防治害虫。果实生长后期，要加强对刺吸式口器害虫如红头叶蝉等的防治，并注意不在此时使用碱性大的药剂。

③护果。做好防风护果，避免大风吹擦伤果皮。

5. 柑橘溃疡病

该病是严重为害柑橘的病害，为检疫对象。果实染病后果面产生病疤，商品性大受影响。树体染病后造成落叶、落果，削弱树势，降低产量。

（1）发病症状

柑橘溃疡病是细菌性病害。叶片受害初期出现针头大小黄色油渍状斑，扩大后呈圆形斑，向叶正反面隆起，木栓化，粗糙，中央开裂呈火山状，病斑周围有黄色晕圈，而叶片一般不变形（图149）。枝梢和果实（图150）被害状与叶片相似，枝梢上病斑无黄色晕圈，常连成不规则状，青果上病斑有黄色晕圈，果实成熟后晕圈消失。砂糖橘属于较抗病品种，病斑较小而扁平。

图149 溃疡病叶片症状

图150 溃疡病果实症状

（2）发生条件

病菌主要潜伏于叶、枝、果组织内越冬，次年春季当温度适宜时，病斑中溢出的细菌借风雨、昆虫、枝叶接触及农事操作等途径传播，落到植株幼嫩组织上，只要水膜层保持20分钟，病原细菌便可从气孔、水珠、伤口侵入致病。带病苗和接穗及果实调运可远距离传播。高温、多雨、台风雨天气有利于该病流行。偏施氮肥、长梢多、修剪不当的果园较易发病。反之，肥水管理得当，采用抹芽放梢技术，夏、秋梢抽发整齐，防治好潜叶蛾等害虫的果园或栽种防护林的果园发病较轻。

（3）防治方法

①严格检疫。禁止从病区调运苗木、接穗、种子等。

②种子消毒。带菌种子用55~56℃热水浸种50分钟杀菌，或用

5% 高锰酸钾溶液浸 15 分钟，或用 1% 福尔马林液浸 10 分钟，然后用清水洗净，晾干播种。

③冬季清园。剪除病枝叶，清除地面病果集中烧毁，并在地面和树上喷 0.8~1 波美度的石硫合剂或 90% 克菌壮可湿性粉剂 1 500 倍液。

④加强栽培管理。抹芽放梢，防治好潜叶蛾和蜗牛等为害，种植防护林等。

⑤喷药保梢保果。幼龄树以喷药保梢为主，分别在新梢萌芽后嫩叶展叶时（梢长 1.5~3 厘米）喷第 1 次药，叶片转绿期喷第 2 次药。结果树则以保果为主，谢花后 10 天、30 天和 50 天各喷 1 次药，台风雨来临前后还应增加喷药次数。药剂可选用 77% 可杀得悬浮剂 500~600 倍液、30% 氧氯化铜 600 倍液、72% 农用链霉素可湿性粉剂（100 万单位）2 500 倍液、50%DT 可湿性粉剂 500 倍液或 0.5%~0.8% 倍量式波尔多液。

6. 柑橘疮痂病

柑橘疮痂病是柑橘的主要病害之一，特别在温带地区发生多且较重，造成叶片扭曲畸形，果小、畸形并易脱落，影响生势及果实产量与质量。

（1）发病症状

本病是由一种半知菌引起的。病菌通过风雨或昆虫传播，侵染嫩枝叶及幼果。叶上油斑初为油渍状小点，后扩大变为黄褐色，木栓化，并呈圆锥状向叶背突起，病斑散生或连片，叶粗糙、畸形、扭曲。枝梢上病斑与叶上相似，但病斑隆起不明显，果实受害后果面粗糙，果小皮厚，多易脱落（图 151、图 152）。

（2）发生条件

①本病发病温度为 15~24℃，当温度在 24℃ 以上时停止发病，故春梢期低温阴雨发病较重，夏梢期因气温高一般不发病。

②幼嫩组织易感病，而老熟组织较抗病。

③橘类易发病，柑类、柚类次之，甜橙较抗病。

（3）防治方法

应采取冬季清园压低菌源和及早喷药控病的综合防治方法。

①冬季修剪清园。结合冬春修剪剪除病枝叶，收集地上枝叶一起烧毁，并立即用30%氧氯化铜悬浮剂600倍液喷地面，结合树上全面喷药预防。

②加强水肥管理。壮树势，促抽梢整齐和加快枝梢老熟。

图151 疮痂病嫩梢症状（蔡明段 摄）

③选择无病苗木，严防带入病穗。嫁接用的接穗用50%苯来特可湿性粉剂800倍液或40%三唑酮多菌灵可湿性粉剂800倍液浸30分钟消毒。

④药剂防治。在春芽长不超过2毫米时喷第1次药，在落花时喷第2次药。可选用80%大生M-45可湿性粉剂600~800倍液、77%可杀得悬浮剂800倍液、

图152 疮痂病果实症状

40%三唑酮多菌灵可湿性粉剂600倍液、30%氧氯化铜悬浮剂600倍液、75%百菌清+70%托布津（1∶1）1 000倍液、40%多丰农可湿性粉剂600倍液或50%施保功可湿性粉剂1 000倍液。

7．柑橘树脂病

该病主要为害柑橘的枝干、叶片和果实。

（1）发病症状

本病病原为真菌。树干上受害有两种症状：温度不高、相对湿度大时呈现暗色油渍状病斑，有流胶（图153）；高温干燥时病部皮层红

图153　树脂病枝干症状

图154　树脂病的果面小粒点（蔡明段　摄）

褐色，干枯，略下陷。在果皮和叶上发生的，叫黑点病或砂皮病（图154）；在贮藏期果实蒂部上发生的水渍状褐斑，叫褐色蒂腐病。发生严重时，产量降低，甚至整株枯死。

（2）发生条件

病枝上的病菌在翌年春季多雨潮湿、温度为15~25℃时开始萌发和侵染，借风雨、昆虫等传播，从伤口侵入才能深入内部，没有伤口的嫩枝叶和幼果、病菌的侵染受阻于寄主的表皮层，形成胶质小黑点。病害全年均可发生，以6—10月雨水较多时发生较重。一般老树生长衰弱或受伤，以及被红蜘蛛、介壳虫严重为害的成年植株，或因干旱、冻害造成树皮裂口的，易受害。

（3）防治方法

①加强果园管理。营造防护林，做好防冻、防涝、防旱工作，增强树势，提高抗病力。

②树干涂白。在1月前用生石灰10千克、食盐0.5千克，加水40千克配成刷白剂，将树干刷白。每年春暖后彻底刮除发病枝干上的病变组织，用75%酒

精消毒后，再涂上70%甲基托布津或50%多菌灵可湿性粉剂100倍液，或用8%~10%冰醋酸、80%代森锌可湿性粉剂20倍液、50%多菌灵可湿性粉剂200倍液涂抹。全年涂抹两期（5月和9月各一期），每期涂抹3~4次。

8. 柑橘裙腐病

又称脚腐病。被害植株主干基部皮层腐烂，树冠叶片中脉及侧脉变金黄，叶片浅绿色，易脱落，树势衰退，花多但不能正常挂果，果少且小，易早落和早黄，严重时整株枯死。

（1）发病症状

本病由几种病霉菌侵染引起。病部呈不规则的黄褐色水渍状腐烂，有酒精味，天气潮湿时病部常流出胶液，干燥时病斑开裂变硬结成块，以后扩展到形成层，甚至木质部（图155）。高温多雨时，病斑纵横扩展，引起茎基部环割状腐烂，进而导致侧根、须根腐烂，植株死亡。

图155 裙腐病症状

（2）发生条件

高温多雨、水位高排水不良及树皮受伤时有利于病菌侵染发病，4—9月均可发病，其中以7—8月最盛。种植时根颈被埋，特别是嫁接口过低的易于发病。本病发生与砧木品种关系较大，红柠檬砧易发病，而酸橘、红橘、枳壳作砂糖橘砧木的较抗病。

（3）防治方法

①使用抗病砧木，如酸橘、红橘、枳壳等。

②种植时注意露出根颈，果园注意开沟排水。

③靠接换砧增根补救。

④刮除病部，并涂药治疗，可用20%甲霜灵200倍液、65%杀毒矾200倍液、58%雷多米尔可湿性粉剂200倍稀释液、90%疫霉灵（乙磷铝）可湿性粉剂100倍液、10%双效灵3倍液或抗枯灵50倍液。

⑤及时防治天牛、吉丁虫等树干害虫，中耕时避免损伤树皮，防止病菌从伤口侵染。

9. 柑橘黑星病

又称黑斑病，主要为害砂糖橘果实，叶片受害较轻。果实受害后外观差，在贮运期果实受害易变黑腐烂，造成很大损失。

（1）发病症状（图156）

图156 黑星病症状

黑星病是真菌引起的病害。发病时在果面上形成红褐色小斑，扩大后呈圆形，直径1~6毫米，常2~3毫米，病斑四周稍隆起，呈暗褐色至黑褐色，中部凹陷，呈灰褐色，其上有黑色小粒点，一般为害果皮。果上黑点多时可引起落果。在枝叶上产生的病斑与果实上的相似。

（2）发生条件

以分生孢子器在叶或病部越冬。

苪菌发育温度 15~38℃，最适温度 25℃，高温有利于发病，干旱时少发病。砂糖橘较橙类易感病，3—4 月侵染幼果，病菌潜伏期长，受害果 7—8 月才出现症状，9—10 月为发病盛期。4~5 年生幼树不易发病，树势衰弱的老果园易感病。

（3）防治方法

①冬季清园，清除园内病枝、病叶、病果并集中烧毁，减少越冬病源。

②加强管理，增施有机肥，及时排灌，施复合肥，促壮树势。

③花后 1 个月喷药，连喷 2~3 次。药剂可选用 0.5：1：100 波尔多液、80% 大生 M-45 可湿性粉剂 600~800 倍液、40% 信生可湿性粉剂 4 000~6 000 倍液、40% 多·硫悬浮剂 600 倍液、50% 多霉灵（乙霉威）可湿性粉剂 1 500 倍液或 50% 甲基托布津可湿性粉剂 500 倍液。

④果实贮运期认真检查，及时剔除病果，防止病害蔓延。

10. 柑橘煤烟病

又叫煤病、煤污病，是砂糖橘发生最普遍的病害。此病长出的霉层遮盖柑橘枝叶、果实，阻碍光合作用，影响植株生长和果实质量，并会导致幼果腐烂。

（1）发病症状

本病由 30 多种真菌引起，多为表面附生菌，病菌以蚜虫、蚧类、粉虱等害虫的分泌物为养料。发病初期在病部表面出现一层很薄的褐色斑块，然后逐渐扩大，形成绒毛状的黑色霉层，似煤烟状（图 157、图 158）。叶上的霉层容易剥落，其枝叶表面仍为绿色。到后期霉层上形成许多小黑点或刚毛状突起。煤烟病为

图 157　煤烟病叶片症状

图158 煤烟病果实症状

害严重时，叶片卷缩褪绿或脱落，幼果腐烂。

（2）发生条件

煤烟病病菌以菌丝体、闭囊壳和分生孢子器在病部越冬，次年分生孢子借风雨传播。此病发生于春、夏、秋季，其中以5—6月为发病高峰。当孢子散落到上述害虫的分泌物上后，吸取营养，进行繁殖，不断扩大为害，再次引起发病。荫蔽潮湿、管理粗放、虫害严重的果园有利于该病的发生。

（3）防治方法

①及时防治蚜虫、蚧类和粉虱等刺吸式口器害虫（见本书相关害虫的防治方法）。

②发病初期喷80%大生M-45可湿性粉剂600~800倍液或50%甲基托布津可湿性粉剂1 000倍液（每隔10天1次，连喷3次）。也可喷（0.3~0.5）：（0.5~0.8）：100的波尔多液、铜皂液（硫酸铜0.25千克，松脂合剂1千克，水100千克）或40%克菌丹可湿性粉剂400倍液，以抑制病害的蔓延。

③合理修剪，清除有病枝叶，及时疏剪，密植果园及时间伐，增加果园通风透光，降低湿度，有助于控制该病的发展。

11. 柑橘根结线虫病

砂糖橘产区时有发生。线虫侵入须根，使根组织过度生长，形成大小不等的根瘤，导致根腐烂、死亡。果园受害后长势衰退，产量下降，严重时失收。

（1）发病症状

该病病原是一种根结线虫。病原线虫居于土壤中，在整个砂糖橘生长期都可侵染，只为害须根，使其膨大，初呈乳白色，以后变为黄褐色的根瘤，严重时须根扭曲并结成团饼状，最后坏死，失去吸收能力（图159）。为害轻时，地上部无明显症状；严重时叶片失去光泽，落叶落果，树势严重衰退。

图159 柑橘根结线虫病症状（蔡明段 摄）

（2）发生条件

根结线虫以卵或雌虫在根部或土壤中越冬，翌年3—4月气温回升时卵孵化，成虫、幼虫随水流或耕作传播，形成再次侵染。一般透水性好的沙质土发生严重，而黏质土的果园发病稍轻。带病苗木调运是传播途径。

（3）防治方法

①加强苗木检疫，培育无病苗木。

②有病苗木用45℃温水浸根25分钟，可杀死2龄幼虫。

③病重果园结合深施肥，挖除病根并烧毁，增施有机肥，促进新根生长。

④药物防治。2—4月在病树四周开环形沟，每亩施15%铁灭克5千克、10%克线灵或10%克线丹颗粒剂5千克或3%米尔乐颗粒剂4千克。施药前原药、细沙土按1∶15的比例配制成毒土，均匀撒入沟内，施后覆土并淋水。

12. 青霉病和绿霉病

青霉病和绿霉病是砂糖橘贮运期间发生最普遍、为害最严重的病害（图160），常可以在短期内造成大量果实腐烂，特别是绿霉病在气候较暖的南亚热带发病较重。

图 160　青霉病、绿霉病同在一果上
（蔡明段　摄）

（1）发病症状

被害后果实呈褐色水渍状、略凹陷皱缩的圆形病斑。2~3 天后，病部长出白色霉层，随后其中部产生青色或绿色霉层，但在病斑周围仍有一圈白色霉层带，病、健部交界处仍为水渍状环纹。在高温高湿条件下，病斑迅速扩展，深入果肉，直至全果腐烂。干燥时成僵果。青霉病病部对包果纸及其他接触物无黏着性，而绿霉病有黏着性。

（2）发生条件

青霉病和绿霉病的病原菌属青霉属的两个不同种。两者均靠气流或接触传播，从伤口和果实蒂部侵染。

①雨后或雾天、露水天气采果易发病，而果面伤口是发病的关键因素。

②青霉病在 6~33℃ 范围内均可发病，但在 20℃ 左右、湿度达95%~98% 时发病最为严重；绿霉病的发病条件与青霉病基本相同，只是其最佳的发病温度稍高，为 25~27℃。

（3）防治方法

①采收不要在雨后或露水未干时进行；从采收到运输和贮藏的过程中，避免机械损伤，特别不能拉果剪蒂、果柄过长和剪伤果皮。

②保鲜防腐处理。采收当天立即用药剂浸果 1 分钟左右，晾干后包装。药剂可用 45% 特克多悬浮剂 450~600 倍液、25% 抑霉唑（或戴唑霉等）（400~5 000 毫克 / 升）、25% 扑海因悬浮剂、咪鲜胺扑霉灵（250 毫克 / 升）、25% 施保克乳油 500~1 000 倍液或 50% 施保功可湿性粉剂 1 500~2 000 倍液。

③采收和贮运用具及贮藏库用硫黄（每立方米空间 10 克）密闭熏蒸消毒 24 小时。

④贮藏温度控制在 5~9℃、相对湿度 90% 左右，库内二氧化碳浓度不超过 1%，氧气浓度不低于 17%。

13. 柑橘蒂腐病

柑橘褐色蒂腐病和黑色蒂腐病统称"蒂腐病"，是柑橘贮藏期普遍发生的两种重要病害，常造成大量果实腐烂（图 161）。

图 161 果实蒂腐病症状

（1）发病症状

褐色蒂腐病是柑橘树脂病病菌侵染成熟果实引起的病害。果实发病多自果蒂或伤口处开始，初为暗褐色的水渍状病斑，随后围绕病部出现暗褐色近圆形革质病斑，通常没有黏液流出，后期病斑边缘呈波纹状，深褐色。果心腐烂较果皮快，当果皮变色扩大到果面 1/3~1/2 时，果心已全部腐烂，故有"穿心烂"之称。病菌可侵染种子，使其变为褐色。

黑色蒂腐病由另一种子囊菌侵染引起，初期果蒂周围变软，呈水渍状，褐色，无光泽，病斑沿中心柱迅速蔓延，直至脐部，引起穿心烂。受害果肉红褐色，并和中心柱脱离，种子黏附在中心柱上；果实病斑边缘呈波纹状，油胞破裂，常流出暗褐色黏液。潮湿条件下病果表面长出菌丝，初呈灰色，后渐变为黑色，并产生许多小黑点。

（2）发生条件

褐色蒂腐病的发病条件同柑橘树脂病。黑色蒂腐病病菌从果柄剪口、果蒂离层或果皮伤口侵入，在 27~30℃ 时果实最易感病且腐烂较快，20℃ 以下或 35℃ 以上腐烂较慢，5~8℃ 时不易发病。

（3）防治方法

采果前 1 个月喷含铜离子杀菌剂可减轻发生。贮藏前使用 0.1%

瑞毒霉液浸果。采前防治参照树脂病进行。采收过程及采后参照绿霉病、青霉病的防治方法。

14. 柑橘黑腐病

又名黑心病，由半知菌的柑橘链格孢菌所致。主要为害贮藏期果实，使其中心柱腐烂（图162）。果园幼果和树枝也可受害。

（1）发病症状

果园枝叶受害，出现灰褐色至赤褐色病斑，并长出黑色霉层；幼果受害后常成为黑色僵果。成熟果实通常有两种症状：一是病斑初期为圆形黑褐斑，扩大后为微凹的不规则斑，高温高湿时病部长出灰白色绒毛状霉，

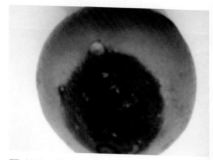

图162 黑腐病果实

成为心腐型。二是蒂腐型，果蒂部呈圆形、褐色、软腐、直径约为1厘米的病斑，且病菌不断向中心蔓延，并长满灰白色至墨绿色的霉。

（2）发生条件

病菌在枯枝的烂果上生存。分生孢子靠气流传播至花或幼果上，潜伏于果实内，直至果实贮藏一段时间出现生理衰退时才发病。高温高湿易发病，果实成熟度越高越易发病。灌溉不良、栽培管理较差、树势衰弱的果园，以及遭受日灼、虫伤、机械伤的果实，易受病菌侵染。

（3）防治方法

采前参照树脂病进行。采收过程中及采收后参照绿霉病、青霉病的防治方法。

15. 日灼病

又称日烧病，是砂糖橘生理性病害（图163、图164）。在夏秋季的酷热和强光照暴晒下，果皮表面温度超过45℃时会被灼伤，若遇干旱会加剧该病发生，轻则出现黄斑块，重则出现疤状，并伤及汁胞、失水干缩、粒化，果实品质低劣。夏秋季烈日天气喷布碱性药剂或喷

图163　日灼病症状　　　　图164　日灼病果实涂浆防护

药浓度稍高时，都会加重该病的发生。

防治方法

①保持土壤湿度。高温季节田间生草或用杂草等覆盖，使土壤保持湿润，提高果园空气湿度，避免干旱，减少日灼病的发生。

②避免在高温烈日下喷农药，尤其避免使用那些会加重日灼病的农药（即碱性农药）。

③保梢遮果。注意培养外围枝，幼年结果树在生理落果结束后放迟夏梢，以使果实适当荫蔽，降低果面温度，减少日灼病的发生。

④包果涂浆。受日灼病为害的果实，可用旧报纸包裹或用白纸片粘贴病部，也可用白黏土浆或石灰浆涂敷病部，经1个月即可消除日灼病痕迹。

16. **裂果病**

主要原因是果实发育不良：一是砂糖橘柱点较大的果实，柱痕皮薄，易从此处裂果；二是果皮韧性低，果发育期硼、钙欠缺，果胶钙不足，韧性低而易裂，缺硼产生黑粒点，果皮亦易从此处开裂，亦有攻秋梢肥一次施速效肥过多，使果肉吸收水分、养分增多而膨大致裂果；三是骤干骤湿、强降雨等突如其来增水，果肉吸水迅速膨大，果皮生长跟不上而产生裂果，亦有因阴雨或多雾天气，因大气压低于果实膨压而裂果，在水田、平地果园多见，且裂果痕在不同部位出现；

四是病虫害引起，如日灼病、溃疡病及蜷类、螨类为害，亦会加剧裂果产生（图165）。

图165　砂糖橘裂果

防治方法

①科学施肥。一是砂糖橘果实发育前期的谢花稳果肥，施水肥及复合肥；二是钾肥在果实膨大前期施，6—7月吸收最佳，丰产树每株施用硫酸钾或氯化钾100~150克；三是钙、硼肥，除注意春芽期撒施石灰和施硼肥外，6—7月还应多次喷施钙、硼根外肥；四是壮果攻秋梢肥，不可一次性施速效肥过多，避免果肉吸收水分、养分过急，招致裂果，可按"一梢三肥"施用。

②防止土壤干湿变化大。水田、平地果园通过灌水保持土壤持水量为60%~80%。果园生草法栽培，果园覆盖15~20厘米厚杂草，可以改善果园生态环境，减少裂果。

③防治病虫害，参照病虫防治方法。

④喷植物生长调节剂。个别树出现裂果时可喷赤霉素（九二〇）20毫克／升，保持果皮细胞活跃状态，以减少裂果。

（二）主要虫害

1. 柑橘红蜘蛛

又名柑橘全爪螨、瘤皮红蜘蛛，是柑橘主要害虫之一。被害叶片灰白色，失去光泽，重者致落叶、落果（图166）。

图166 柑橘红蜘蛛为害叶片状

（1）生活习性

柑橘红蜘蛛全年均可发生，发生程度与温度、湿度及柑橘的物候期有关。每年4月开始盛发。每次新梢叶片展开后，成虫从老叶爬到新梢叶上产卵取食，叶片转绿时形成为害高峰。果园受害期是春梢转绿期和秋梢转绿期。夏季的高温和暴雨对红蜘蛛繁殖不利，发生稍轻。红蜘蛛一年发生20代，世代重叠，繁殖力极强，每只雌虫产卵可多至100粒以上。夏秋季节卵期仅5~6天，孵化后仅6~7天又开始成熟产卵。开始发生时，只分布在个别植株上，以后逐渐扩大到多数植株，甚至全园。因此，一定要密切注意虫情，才能有效地控制其为害。

红蜘蛛的天敌很多，主要有小黑瓢虫、塔介点蓟马、长须螨和捕食螨（又称"钝绥螨"）、草蛉、六点蓟马等捕食性昆虫，还有芽枝霉菌、丛生藻菌等致病真菌。因此，对果园内的天敌要注意保护。

（2）防治方法

①生草覆盖。红蜘蛛的天敌大多喜欢温暖湿润的小气候环境，而在树冠外保留浅根性杂草，则可调节果园的温、湿度小气候，使之既有利于天敌繁殖，抑制红蜘蛛的大量发生，也有利于根系的生长。藿香蓟根系浅生，枝叶肥效高，其花粉又是捕食螨的天然食料，宜于果园大量繁殖，这是实现"以螨治螨"的生物防治好方法。

②释放捕食螨，"以螨治螨"。福建地区采用胡瓜钝绥螨，在4月中下旬挂放，每株柑橘树挂放1盒（1 000只），半个月红蜘蛛虫口减退率93.7%，1个月达100%。

③药剂防治。冬季清园用石硫合剂0.8~1.0波美度、90%柴油乳油150~200倍液、95%机油乳油50~100倍液或73%克螨特乳油1 200~1 500倍液。春季开花后用20%哒螨酮乳油2 000倍液、1.8%阿维菌素（虫螨克）乳油2 500倍液或70%克螨即死乳油5 000倍液等。

2. 锈蜘蛛

又名锈壁虱或锈螨，虫体极小，肉眼不易看清，在10~20倍手持放大镜下可见虫体呈黄白色胡萝卜状。柑橘叶片被害后，叶背呈锈褐色，称为"焙叶"，果实被害后，果皮黑褐色，俗称"罗汉果"（图167），被害严重时会引起落叶、落果，树势衰弱，影响砂糖橘当年生长乃至翌年产量。

（1）生活习性

锈蜘蛛在广东一年可发生24代，其繁殖力极强，夏秋高温季节1

个月可发生 3 代，晚春初夏时 1 个月可发生 2 代。该虫在广东多数地区通常在 3 月开始活动，4 月下旬至 5 月上旬转移到幼果上为害并大量繁殖，形成第一次为害高峰，如不及时防治，易造成小果脱落及落叶。夏秋季高温干旱，最有利于锈蜘蛛生长、繁殖，为害十分严重。

图 167 锈蜘蛛为害果实状

（2）防治方法

①搞好冬季清园，合理修剪。采果后即全面清园，剪除病虫枝，铲除田间杂草，扫除枯枝落叶集中烧毁，以减少越冬虫源。适当修剪内膛枝，防止树冠过度荫蔽。

②虫情测报。从 4 月下旬开始，用 10 倍手持放大镜检查叶或果，发现 1 个视野有 2~3 头虫时，应立即喷药挑治中心株。

③保护天敌。保护利用多毛菌、捕食螨、草蛉、食螨蓟马等。

④药剂防治。防治红蜘蛛的有效药剂大部分对锈蜘蛛也有效，主

要有多毛菌菌粉（每克 7 万个菌落）300~400 倍液、50% 托尔克可湿性粉剂 2 000 倍液、50% 螨代治 2 000 倍液、80% 大生 M-45 可湿性粉剂 600~800 倍液、1.8% 阿维菌素乳油 3 000~4 000 倍液。

3. 柑橘潜叶蛾

俗称绘图虫、鬼画符，是为害柑橘新梢的主要害虫。潜叶蛾以幼虫潜食嫩梢幼叶，使叶片卷曲，对新梢生长影响很大（图 168）。同时，被害叶片易感染溃疡病，引起叶片提早脱落。

（1）生活习性

柑橘潜叶蛾一年可发生 12~15 代。成虫为银白色小蛾，产卵活动多在傍晚，卵多产于嫩叶背中脉附近，卵小而透明，幼虫孵化后潜入叶表下取食，成熟后卷褶幼叶叶缘一小角化蛹。

（2）防治方法

①抹芽控梢。夏秋季进行抹芽控梢，及时摘除零星抽吐的嫩芽新

图 168 潜叶蛾为害叶片状

梢，以切断潜叶蛾幼虫的食物来源，减少虫口密度，待梢整齐一致时喷药防治，以减少喷药次数。

②利用低峰期放梢。掌握在潜叶蛾发生的低峰期或成虫产卵的低峰期统一放梢，以提高保梢效果，节约用药。广东省大暑前后一段时间，田间气温常高达 36℃ 以上，此期间潜叶蛾发育受高温抑制，成虫产卵极少，出现发生量的低峰期，各地可根据具体情况安排梢期。

③药物防治。夏秋梢萌芽长不超过 0.7 厘米时开始喷药，每 5~7 天 1 次，连喷 3~4 次。选用药剂有：48% 乐斯本乳油 800~1 000 倍液、52.25% 农地乐乳油 1 000~1 500 倍液、1.8% 齐螨素（害极灭乳油）4 000~5 000 倍液、1.8% 集琦虫螨克乳油 3 000~4 000 倍液、1.8% 爱福丁乳油（1 号）3 000~4 000 倍液、0.9% 阿维菌素乳油（虫螨克 2 号）4 000~5 000 倍液、10% 吡虫啉可湿性粉剂 1 000~2 000 倍液或 5% 卡死克 1 500 倍液。

4. 柑橘卷叶蛾

卷叶蛾幼虫俗称丝虫。卷叶蛾的种类很多，在广东省柑橘产区以拟小黄卷叶蛾及拟后黄卷叶蛾较常见。卷叶蛾的幼虫为害新梢（图 169）、花及果实，通常盛发于谢花期及幼果期，导致大量的幼果脱落。有些年份果实成熟前（9—10 月）仍有幼虫蛀食果实，引起落果，影响当年产量，造成严重损失。

（1）生活习性

柑橘卷叶蛾一年发生 8~9 代，以老熟幼虫和蛹越冬，3 月上旬化蛹，3 月中旬羽化为成虫，产卵于叶面，4—5 月幼虫孵化后，即为害新梢、花和幼果。幼虫为害新梢时卷叶成巢，称"虫苞"，日间潜伏其中取食，黄昏后出巢活动。春季盛花期，初孵幼虫于花枝上吐丝结苞蛀食花朵，谢花后幼虫常潜伏于粘贴幼果的干花瓣间蛀食幼果，造成大量落果。

（2）防治方法

①清园和人工捕捉。冬季清除树上越冬虫蛹及扫除落叶落果，消

灭虫源。盛花后期摇花，摇落花瓣，减少幼虫潜伏场所。注意摘除卵块、虫蛹，捕杀将化蛹的幼虫，亦可用灯光诱杀。

图169　卷叶蛾为害叶片状（蔡明段　摄）

②保护利用天敌。在4—6月卵盛发期，每亩释放松毛虫赤眼蜂2.5万头，每代放蜂3~4次。

③药剂防治。可选用48%乐斯本乳油800~1 000倍液、52.25%农地乐乳油1 000~1 500倍液、90%敌百虫晶体800~1 000倍液、50%敌敌畏乳油800~1 000倍液、2.5%溴氰菊酯乳油5 000倍液或1.8%阿维菌素乳油3 000~4 000倍液。

5. 吸果夜蛾

吸果夜蛾是一种杂食性害虫，种类很多，已发现50多种，是柑橘成熟期的重要害虫，成虫以其口器刺破果皮，吸食果汁，吸食时间达

1~2 小时，果实被害处有刺吸痕，数天之后形成软腐状褐斑，引起严重落果（图 170）。

图 170 吸果夜蛾为害状

（1）生活习性

吸果夜蛾于 10—11 月为害最烈，一年发生 5~6 代（广州），以蛹或幼虫越冬，但在广州无真正越冬期。成虫昼伏夜出，嗜食健果，趋光性弱，趋化性强，幼虫取食木防己、粉防己。

（2）防治方法

①灯光驱蛾和灯光诱杀。安装黄色荧光灯，置于树冠 1~2 米处，灯距 10~15 米，于天黑时开灯，有阻止成虫为害效果，如安装黑光灯在高出树冠 1 米处，灯下放置一盛水盆，水中滴入一些柴油，趋光夜蛾落入水中即被浸死。

②诱杀。在 10—11 月吸果夜蛾成虫活动为害时，用熟甘薯揉烂成浆，发酵 2 天后，用水稀释至糊状，每千克加酒 50~100 克、90% 敌

百虫晶体 10 克，盛于瓷盘内，于黄昏时放进果园诱杀。

③驱避。在无风闷热的夜晚，用香茅油浸湿纸片（大小约 5 厘米见方），每株均匀挂 5~6 片，对成虫有较好的驱避效果。

④人工捕捉成虫。在无风闷热的夜晚，可提灯捕杀吸果夜蛾。

⑤套袋护果。果实开始转色时用纸袋或薄膜袋套果保护，套袋前应彻底防治锈蜘蛛。

⑥药剂防治。喷 5.7% 氟氯氰菊酯（百树得）乳油 1 000~3 000 倍液，隔 15~25 天 1 次，采收前 25 天须停用。

图171 柑橘木虱若虫在嫩芽上为害状
（蔡明段 摄）

6. 柑橘木虱

柑橘木虱是华南柑橘产区的新梢害虫之一，是柑橘黄龙病的传病昆虫（图 171）。

（1）生活习性

柑橘木虱一年发生 8~14 代，且世代重叠，全年可见各种虫态，主要以成虫在叶背越冬，翌年 3—4 月在新梢嫩芽上产卵繁殖，此后虫口密度渐增，7—8 月达到高峰，夏秋梢受害严重。

（2）防治方法

对具有内吸作用的有机磷农药，不但可以 100% 杀死柑橘木虱，而且药效持久。选喷药剂有：50% 辛硫磷乳油 800 倍液、2.5% 鱼藤精乳油 300~500 倍液、4.5% 高效氯氰菊酯乳油 1 000 倍液或 20% 哒虱威乳油 1 000 倍液，每次新芽期抽出 3~5 毫米时开始喷药，

7~10 天再喷 1 次。

7. 橘蚜

橘蚜群集于嫩梢吸取汁液，被害新梢皱缩卷曲畸形，其分泌物还会诱发煤烟病，影响树势（图172）。

（1）生活习性

橘蚜在广东一年发生 10 代以上，繁殖的最适温度为 24~27℃，晚春和晚秋繁殖最盛，夏季高温对其繁殖不利。

（2）防治方法

①保护天敌。蚜虫的天敌种类很多，如蚜茧蜂、草蛉等，它们对抑制蚜虫为害起着重要作用，要注意加以保护。

②药剂防治。选用 48% 乐斯本乳油 800~1 000 倍液、25% 蚜虱绝乳油 2 000~3 000 倍液、5% 啶虫脒超微可湿性粉剂 3 000~4 000 倍液、10%

图172　橘蚜为害叶片和花蕾（蔡明段　摄）

吡虫啉可湿性粉剂 4 000~5 000 倍液或 3% 莫比朗乳油 2 500 倍液。

8. 黑刺粉虱

黑刺粉虱体小，成虫体长 1.0~1.7 毫米，展翅 3 毫米左右。若虫 3 龄。成虫体橙黄色至褐色，薄被白粉，翅 2 对。1 龄若虫能爬行迁移，从 2 龄起触角和足退化，固定不动，3 龄若虫的脱皮称为蛹壳，漆黑色，有光泽。若虫为害时，群集于柑橘叶片背面，吸取汁液，使植株营养恶化（图 173）。

图 173 黑刺粉虱老龄若虫为害状（蔡明段 摄）

（1）生活习性

黑刺粉虱在广东中部一年发生 6 代，田间世代重叠。以 2~3 龄若虫在柑橘叶背越冬，翌年 2 月下旬至 3 月上旬化蛹，3 月上中旬成虫羽化、产卵。适温 30℃ 以下、相对湿度 90% 有利于卵孵化；温度 30℃ 以上和相对湿度 80% 以下，不利于卵孵化。

（2）防治方法

①修剪并除去虫枝。注意修剪，及时剪去植株的弱枝和严重受害虫枝，改善果园通风条件。

②做好虫情测报，适时喷药。掌握在成虫高峰期过后，田间基本没有成虫活动，绝大多数虫态为卵和 1~2 龄若虫时喷药，防治效果最佳。可选用：冬季清园喷 48% 乐斯本乳油 800~1 000 倍液、99.1% 敌死虫乳油 150~200 倍液、松脂合剂 8~10 倍液。防治关键是各代 2 龄幼

虫盛发期以前，可喷25%扑虱灵可湿性粉剂1 000~1 500倍液、10%吡虫啉可湿性粉剂2 500~3 000倍液、40%速扑杀乳油1 000~2 000倍液、48%乐斯本乳油1 200~1 500倍液或25%喹硫磷乳油1 000~1 200倍液。

9. 褐圆蚧

又称黑褐圆蚧、茶褐圆蚧、紫褐圆蚧，以成虫和若虫群集枝梢、叶、果实上吸汁为害（图174）。在广东夏秋季为害果实最烈。

（1）形态特征

雌成虫圆形，直径约2毫米，中央隆起，暗紫褐色，边缘灰褐色，壳点红褐色。雄成虫略小，颜色与雌成虫相似。

（2）生活习性

此虫在广东一年发生5~6代，后期世代重叠，以受精雌成虫在寄主枝条上越冬。主害代1龄若虫始盛发期分别在7月中旬

图174 褐圆蚧为害状

和9月上旬。雌成虫多为害叶背和果实，而雄若虫则多固定在叶面刺吸汁液，为害严重时可使树势衰弱。天敌有瘦柄花翅蚜小蜂、黄金蚜小蜂、红点唇瓢虫、草蛉和寄生菌红霉菌等，以寄生蜂的抑制作用最大，应加以保护。

（3）防治方法

应采取以农业防治和利用天敌为主，与适期施药相结合的综合防治方法。

①结合修剪，在若虫孵化前去除虫枝，集中烧毁，剪除过密阴生枝，改善果园通风透光条件，修剪后随即喷药清园1次（结合防治红蜘蛛）。

②药剂防治。在主害代若虫盛孵期喷药防治，可选喷50%稻丰散

乳油 1 500~2 000 倍液、40% 速扑杀乳油（杀扑磷）1 000 倍液、48% 乐斯本乳油 1 000 倍液、95% 机油乳剂（或 99.1% 敌死虫乳油）120~180 倍液 1 次，虫害发生严重园隔 15~20 天再喷 1 次。若效果不理想，可在 7—8 月再交替使用 25% 喹硫磷 1 000 倍液或 50% 乙酰甲胺磷乳油 800 倍液加 25% 噻嗪酮（扑虱灵）可湿性粉剂 1 000 倍液 1~2 次。

10. 糠片蚧

又名灰点蚧、橘黑（紫）蚧或丸黑点蚧。成虫和若虫群集在果实、叶片和枝条上为害，造成绿色虫斑、落叶和枯枝，果实品质下降，树势衰退（图 175）。

（1）形态特征

雌成虫介壳体长 1.5~2 毫米，长圆形或椭圆形，淡黄褐色至灰褐色；壳点圆形，暗黄褐色，位于端部，偏向一方；介背脊明显。雄成虫介壳体长 1.3 毫米，狭长而小，灰白色；壳点位于前端，淡黑褐色。

图175 糠片蚧为害状

（2）生活习性

该虫每年发生 4 代左右，以受精的雌成虫或介壳内的卵在枝条上越冬。翌年 4 月第 1 代幼蚧主要为害叶片和枝条；第 2 代则逐步向果实迁移为害，以 7—10 月发生量最大。严重时，果实表面布满介壳，影响卖相，并造成树势衰弱。此虫多寄生于荫蔽植株树冠的下部及内膛枝叶上，多聚集于果蒂附近取食。

（3）防治方法

①保护天敌。保护利用寄生蜂、捕食瓢虫和日本方头甲等天敌，以起天敌自然抑制作用。

②清园喷药。同防治红蜘蛛，但石硫合剂不在选用之列。

③药剂防治。参照褐圆蚧，并在若虫盛孵期喷药，特别要防治春梢期的第 1 代若虫。

11. 吹绵蚧

又称绵团蚧、吐絮蚧、棉子蚧。以若虫和雌成虫群集枝干、叶片、果实上吸食为害，并常诱发煤烟病，引起落叶、落果及枝条死亡（图176）。

（1）形态特征

雌成虫橘红色，椭圆形，长 5~6 毫米，腹末具白色袋状囊，卵囊上有 10 多条脊状隆起线。雄成虫体长约 3 毫米，具前翅 1 对，翅狭长，紫黑色。若虫体椭圆形，橘红色，共 3 龄，腹末具数根长毛。

图176 吹绵蚧为害状及引发的煤烟病

（2）生活习性

雌虫在广东一年发生 3~4 代，以老龄

若虫和未产卵的雌成虫在枝条上越冬，次年4月上旬至6月为发生盛期。若虫孵化后在卵囊内经历一段时间才分散活动，营半固定生活。夏季高温多雨对该虫发生不利，且受天敌自然控制，虫口下降，9—11月第3代的虫口密度有所回升。雄成虫数量少，寿命也短，雌成虫多营孤雌生殖。天敌有澳洲瓢虫等多种瓢虫、草蛉和寄生菌芽霉等。

（3）防治方法

① 释放天敌瓢虫。

② 在1龄幼蚧盛发期，可参照褐圆蚧防治用药。

③ 注意检疫，严防带虫苗木和接穗进入新区。另外引苗和接穗宜喷48%乐斯本乳油800~1 000倍液或40%速扑杀乳油1 200倍液。

12. 堆蜡粉蚧

又称橘鳞粉蚧。以成虫、若虫吸食新梢、幼果汁液，枝梢受害致畸形，影响生长结果（图177）。幼果受害果面呈块状突起，易致落果或致果实外观和品质差，降低商品价值。

（1）形态特征

雌成虫体长3~4毫米，椭圆形，紫黑色，体表被厚蜡质粉，虫体边缘有粗短蜡丝，以末端的一对蜡丝较长。雄成虫酱紫色，具半透明前翅1对。若虫外形似雌成虫，紫色，初孵若虫无蜡质粉，固定取食后，体背及周缘即开始分泌白色粉状蜡质，并逐渐加厚。

图177　堆蜡粉蚧为害枝梢状（蔡明段　摄）

（2）生活习性

堆蜡粉蚧在广州一年发生5~6代，世代重叠，以成虫、若虫在树干、枝条裂缝及卷叶、蚁巢内等处越冬，翌年2月，越冬成虫恢复活动为害春梢，其中以4—5月（1~2代）和10—11月（5~6代）虫口密度最大，为害最烈。1~2代若虫主要为害幼果，常聚集果蒂部吸食，致使果实肿胀畸形；其余各代若虫主要为害秋梢，致使枝叶扭曲，新梢生长受阻，树势衰弱。雄虫数量极少，营孤雌生殖。天敌有隐唇瓢虫等多种瓢虫、草蛉及寄生菌等，对其发生为害有一定的抑制作用。

（3）防治方法

①合理使用含铜杀菌剂，因此药剂会杀死其天敌。

②掌握在4月初第1代若虫盛孵期施药。用药参照褐圆蚧。用药应注意点片喷药或挑治，或避开天敌活动盛期，以保护天敌。

13. 柑橘星天牛

又称盘根虫、围头虫、蛀木虫等。星天牛的成虫咬食嫩枝皮层，或产卵时咬破树干基部树皮（图178）。初孵幼虫为害树皮，后向木质部蛀食，在根颈和根部蛀成许多虫洞，使树势衰退生长不良，直到植株死亡（图179）。

（1）形态特征

成虫体长19~39毫米，鞘翅亮漆黑色，上有白色绒毛小斑，每翅约20个，排成不规则的5横行。老熟幼虫体长45~60

图178 星天牛成虫

133

图179　星天牛幼虫

毫米，扁圆筒形，乳白色至淡黄色，前胸背板后方有一块黄褐色"凸"字形大斑纹。蛹长30~40毫米，初期乳白色，后呈暗褐色。

（2）生活习性

该虫一年发生1代，以幼虫在树干或根部越冬。4月下旬至5月上旬出现成虫，5—6月为羽化盛期，卵多产于离地5厘米范围的树干上，少数产于离地30~60厘米的高处。产卵处有成虫预先咬成的"T"形或半"T"形裂口，皮层稍隆起，表面较湿润。一只雌虫产卵70~80粒，产卵历时约1个月。成虫寿命30~60天。幼虫先在产卵处皮下蛀食，并流出白色泡沫状胶质，不久即向下蛀食树干基部，达到地面以下后即横向迂回蛀食，对树干输导组织破坏较严重。遇根时，则沿根下蛀，深度可达30厘米以上。幼虫在皮层经过2个月后，才蛀入木质部。11—12月幼虫开始越冬，至翌年春天羽化。成虫出洞前羽化，洞口表面树皮变色，易于辨认与捕杀。

（3）防治方法

①捕杀成虫。6—8月星天牛多在晴天中午交尾，宜中午人工捕杀。

②消除虫卵及初孵幼虫。6月间（夏至前后）检查主干离地5厘米以下的产卵部位和初孵幼虫湿润树皮为害状，即用利刀削除虫卵。对蛀食不深的幼虫，8—10月钩杀幼虫。

③药物防治。分别在清明及秋分时节检查树体，如发现新鲜虫粪，先用钢丝钩杀虫，当钩不出幼虫时用蘸过80%敌敌畏乳油或40%乐果乳油等5~10倍液的脱脂棉球塞住洞口或用针管注药液于蛀道内，然后用黏土封闭洞口。也可塞入56%磷化铝片剂1/16~1/8片熏死幼虫。

14. 光盾绿天牛

又称光绿天牛、柑橘枝天牛、吹箫天牛（图180）。幼虫以为害枝条为主，因幼虫蛀食开始向下，待枝条枯萎即循枝梢向下蛀食，每隔一段距离即往外蛀一小圆孔洞，状如洞箫，"吹箫虫"之名即由此而来。枝干受害后，易被风吹折或枯死。

图180 光盾绿天牛成虫（蔡明段 摄）

（1）形态特征

成虫体长 24~27 毫米，鞘翅墨绿色，具金属光泽，腹面绿色，被银灰色绒毛。老熟幼虫体长 46~55 毫米，圆柱形，橙黄色。

（2）生活习性

该虫一年发生1代，以幼虫在枝梢中越冬，成虫4—5月始见，5月下旬至6月中旬盛发，8月上旬还可见其踪迹。卵多产于枝梢末端嫩绿的细枝分叉口处，或叶柄与嫩枝分叉口上。产卵处可见伤痕。幼虫先向上蛀食枝梢，受害枝梢多枯萎，此时幼虫即转枝梢向下蛀食。最下一个孔洞的稍下方即为幼虫所在。幼虫历时290~310天，蛹期

23~25 天。

（3）防治方法

①捕捉成虫。在 5 月下旬至 6 月中旬，成虫喜欢在晴天交尾产卵，阴雨天则多栖息于枝丫间，可据此来捕杀。

②及时剪除被害枯枝。6—8 月发现新梢有枯枝立即剪除，避免幼虫蛀入大枝为害。

③灌药毒杀幼虫。幼虫在最后一个虫洞稍下部位栖息，用针筒将 80% 敌敌畏乳油或 40% 乐果乳油 8~10 倍液注入由下至上的第 3 个或第 4 个洞内，见药液从下面洞口流出时，用黏土逐个孔洞封堵，毒杀幼虫。

15. 褐天牛

又称橘天牛、干虫、蛀木虫。以幼虫蛀食离地面 33 厘米以上主干和主枝，形成孔洞，受害轻则养分输送受阻，重则整枝枯萎或全树死亡（图 181）。

图 181 褐天牛为害状

（1）形态特征

褐天牛成虫体长 26~51 毫米，乳白色至灰褐色。幼虫老熟时体长 46~56 毫米，乳白色，扁圆筒形。蛹长 40 毫米左右，淡米黄色。

（2）生活习性

褐天牛在广东两年发生 1 代，7 月上旬以后孵化出的幼虫于第二年 8 月上旬至 10 月上旬羽化为成虫，在蛹室中越冬，直到第三年 4 月下旬才外出活动。产卵期有两个比较集中的时间，多在 5 月上旬至 7 月上旬，其次在 8 月初至 9 月下旬。越冬成虫多于 20：00~21：00 出洞活动，闷热的晚上更盛，至 23：00 潜回洞内。成虫多产卵于树干伤口或洞口边缘表皮凹陷处，每处大多产 1 粒，少数 2 粒。主干距地面 33~100 厘米高的侧枝均有卵的分布，但仍以近主干分叉处产卵密度最大。

（3）防治方法

①农业防治。修剪时保持剪口平整，使枝干平滑，遇有枝干孔洞用黏土堵塞，减少成虫产卵机会。

②捕杀成虫。掌握在 4—5 月闷热的晴天夜晚，成虫在树孔洞内交尾的时机，进行捕杀。

③刮除卵粒及初孵幼虫。

④钩杀或用农药毒杀幼虫，方法与星天牛防治相同。

16. 柑橘小实蝇

又称黄苍蝇或果蛆，是国家植物检疫对象。成虫产卵于果实内，幼虫孵化后即在果内为害果肉部分，形成橘蛆，造成腐烂，引起果实早落，对产量影响很大（图 182、图 183）。

（1）形态特征

雌成虫体长 6~8 毫米，翅展 14~16 毫米，深黑色和黄色相间。复眼间黄色。单眼 3 个，黑色，呈三角形排列。胸背黑褐色，具 2 条黄色纵纹。腹部由 5 节组成，呈赤黄色，有 "T" 形的黑纹。产卵器长形，由 3 节组成。翅透明，脉纹黑褐色。雄成虫体长 6 毫米，翅展 14 毫米，腹部由 4 节组成。卵乳白色，长形，一端较细尖，另一端略钝，长约

图182　柑橘小实蝇为害果实状

图183　柑橘小实蝇幼虫为害状

1毫米，宽约0.1毫米。幼虫体长10毫米，黄白色，圆锥形，前端细小，后端圆而大，由大小不等11节组成。蛹椭圆形，淡黄色，长5毫米，宽0.5毫米左右。

（2）生活习性

一年发生3~5代，世代重叠，无严格越冬过程，冬季也活动为害。成虫多集中于午前羽化，并以8：00前羽化最多。成虫羽化后经性成熟阶段方能交尾产卵。产卵时以产卵器刺破果皮，卵产于产卵孔中，每孔产卵5~10粒，一只雌蝇一生可产卵200~400粒，分多次产出。卵期：夏季1天左右；春、秋季约2天；冬季3~6天。孵化后幼虫钻入果实内为害，致使果实腐烂早落。幼虫经2次蜕皮后即生长成熟。幼虫期夏季为7~9天；春、秋季为10~12天；冬季为13~20天。幼虫老熟后脱果入土化蛹，一般在表土3~4厘米处居多。蛹期：夏季8~9天；春、秋季10~14天；冬季15~20天。

（3）防治方法

①实行检疫。禁止被害果输入，以免害虫传播蔓延。

②结合冬季清园，进行冬耕灭蛹。在冬季或早春期间，成虫羽化前翻耕果园地面表层，将蛹翻出至土面，以减小越冬虫口基数。

③诱杀成虫。将浸泡过甲基丁香酚的纤维纸皮（每块 57 毫米×10 毫米）悬挂于树上，每平方千米挂 50 块，在成虫发生期，每月悬挂 2 次，以诱杀柑橘小实蝇成虫。

④及早摘除虫果，及时收集和处理落果。8—9 月一般正常果呈青绿色，而被害果的产卵孔周围未熟发黄，应及时摘除，5~7 天收集 1 次，盛期后则每日收集 1 次，并随时采用浸、埋、烧、煮等方法进行处理。一是浸，把虫果浸在水中，至少 8 天内不浮到水面。二是埋，挖土将果深埋在 50 厘米以下，踩实表层更好。三是烧，一层干草，一层果，顶上再盖上一层草，堆烧 1 小时以上。四是煮，把虫果放在沸水中煮 2 分钟。

17. 象鼻虫类

又称象甲，其中以柑橘灰象鼻虫和小绿象鼻虫为害比较普遍（图 184）。成虫咬食嫩叶、嫩梢、花、果等。被害叶片的边缘呈缺刻状。幼果受害后果面出现不正常的凹入缺刻，严重时引起落果。为害轻的尚能发育成长，但成熟后果面呈现伤疤，影响果实外观。

（1）形态特征

成虫体长 8~12 毫米，灰褐色，前胸背面中央有 1 条黑色纵带，鞘翅上有 10 多条黑色刻点。卵椭圆形，初为乳白色，以后变为灰褐色。幼虫圆筒形，体长 11~13 毫米，黄白色，头部黄褐色。蛹淡黄色，头管向胸前

图184 象鼻虫成虫

弯曲，腹末有 1 对黑褐色刺。

（2）生活习性

象鼻虫在广东每年发生1代，以成虫及幼虫在土中越冬。3月下旬开始有成虫出土，爬上树梢，取食嫩春梢叶及幼叶。4月中旬是为害盛期，并开始产卵。成虫产卵期长，4—7月均可陆续产卵。卵整齐地排列成块，产于两叶的边缘处，两叶间用黏液粘连。幼虫孵出后，从叶上掉落土中，钻入10~50厘米深处，取食植物根部及腐殖质等。成虫有假死性，寿命长达5个多月，4—8月在果园均可见到。

（3）防治方法

①人工捕捉和诱杀。成虫上树后，可震摇树枝，使其掉落在树下的尼龙布上，然后集中消灭。胶环捕杀，于3月底用粘苍蝇胶带包扎树干阻止成虫上树，并随时将阻（粘）集的成虫收集处理。粘胶亦可用麻油（40份）、松香（60份）、黄蜡（2份）制成，先将油加热至120℃，慢慢加入碎松香，不断搅拌，待溶化后，再加入黄蜡，溶后冷却即成。

②药物防治。在成虫出土期，用50%辛硫磷乳油200倍液（宜在傍晚进行）或80%敌敌畏乳油500倍液喷洒地面。在成虫为害期，可用90%敌百虫晶体800倍液、25%亚胺硫磷乳油500倍液、40%乐果乳油1 000倍液或80%敌敌畏乳油800倍液喷洒树冠。

18. 金龟子类

为害砂糖橘常见的有铜绿金龟子（图185）、茶色金龟子等。以成虫蛟食植株的嫩叶、花、幼果；幼虫称为"蛴螬"，生活于土中为害根部。

（1）形态特征与生活习性

铜绿金龟子：成虫体椭圆形，长约20毫米，鞘翅铜

图185 金龟子成虫

绿色，具光泽。老熟幼虫体长 30 毫米，乳白色，头黄褐色。该虫一年发生 1 代，以幼虫在土里越冬，越冬可在果园、农田、荒地等处，5—7 月是为害盛期，具有趋光性和假死性。卵多散产于表土中，孵出幼虫在土中为害苗木根茎，10 月以后潜入较深土层中越冬。

茶色金龟子：成虫体长 10~12 毫米，体茶褐色并被白色鳞毛，鞘翅有 4 条纵线，老熟幼虫长 13 毫米左右。该虫一年发生 2 代，以幼虫在土中越冬。成虫 5 月上旬羽化，6~7 月盛发，为害最烈。第 1 代和第 2 代成虫分别见于 6 月和 8 月，10 月以后幼虫开始越冬。

（2）防治方法

①物理防治。在成虫盛发期，利用其趋光性，于 20∶00~21∶00 使用黑光灯、电灯或点燃火堆诱杀。对当年种植的幼树，可用套透明薄膜袋办法，阻碍成虫为害。

②人工捕捉。在成虫盛发期，利用其假死性，于白天或晚上在树冠下铺设薄膜，猛摇树身，待受惊成虫落地假死后集中捕杀。

③药物防治。成虫盛发期，用 48% 乐斯本乳油 800~1 000 倍液、90% 敌百虫晶体 1 000 倍液、50% 地亚农乳油 1 000 倍液或 40% 乐果乳油 800 倍液，于傍晚喷布树冠及地面，或用 5% 辛硫磷颗粒剂撒施地面，毒杀地面或潜入地表成虫。

对地下蛴螬，可淋施辛硫磷乳油 1 000 倍液毒杀。

19. 柑橘尺蠖

为害柑橘的尺蠖常见的有海南油桐尺蠖和大造桥虫（图 186、图 187），以前者较普遍。以幼虫咬食叶片为害，大量发生时常把整株或成片果园的叶片吃光，仅残留叶脉和秃枝，是一种暴食性害虫。

（1）形态特征

雌蛾体长 22~25 毫米，翅展 60~65 毫米，体灰白色；雄蛾体长 19~21 毫米，翅展 52~55 毫米，前翅白色，杂以灰黑色小点，并有 3 条黄褐色波纹（中间一条波纹不甚明显）。老熟幼虫体长 70 毫米，体色因环境而异，有深褐色、灰褐色、青绿色，腹足仅 2 对。

（2）生活习性

一年发生 3~4 代，越冬蛹于翌年 3 月中旬开始羽化。成虫昼伏夜出，具趋光性。卵产于柑橘叶背面或产于果园附近的乌桕、桉等树皮缝处。卵块上覆有黄褐色绒毛，从卵到幼虫为 7~11 天。幼虫一般 6 龄，1~2 龄幼虫喜食叶面，3 龄时食叶成缺刻，4 龄食量增大。幼虫老熟时爬下树盘表土化蛹，也有部分吐丝下垂入表土化蛹。蛹期 14~20 天，在雨后土湿时羽化出土，羽化后 1~2 天内晚上交尾产卵。

图 186 柑橘尺蠖幼虫为害状

图 187 柑橘尺蠖幼虫（蔡明段 摄）

（3）防治方法

①松土灭蛹。每年 11 月到翌年 2 月、5 月、7 月和 8—9 月，共 4 次，分别在主干周围 50~60 厘米内浅松土 10 厘米，将蛹挖出，减少虫源。也可诱虫化蛹，在每次化蛹前先在树干周围 50~60 厘米处铺上塑料薄膜，然后铺上 5~10 厘米厚湿润松土，待老熟幼虫入土化蛹后取出杀灭。

②灯光诱蛾。利用成虫趋光性，在成虫羽化期，每3亩左右果园安装一支40瓦的黑光灯诱杀。

③清除卵块。在产卵期间，检查树干裂缝处或叶背，发现有卵块即摘除消灭之。

④用雌蛾性激素诱杀雄蛾。用市售雌蛾性诱激素不饱和十八醇，或用自制粗提物（采集羽化后1天尚未交尾的雌蛾，剪下蛾腹部产卵器，置于少量二氯甲烷中浸提1小时即成）诱杀雄蛾。

⑤药物防治。最好在幼虫3龄以前喷药，常用52.25%农地乐乳油1 000倍液、青虫菌（300亿/克）1 000~1 500倍液、6号青虫菌1 000倍液、杀螟杆菌（80~100亿/克）750倍液、2.5%敌杀死乳油3 000~4 000倍液、90%敌百虫晶体1 000倍液、20%吡虫啉可湿性粉剂2 000~3 000倍液、1.8%阿维菌素乳油2 000~3 000倍液或3%啶虫脒乳油1 000~2 000倍液。

20. 柑橘凤蝶

又名橘黑黄凤蝶。以幼虫咬食嫩叶和嫩芽，严重时吃光新梢叶片，对幼树影响很大。

（1）形态特征

成虫分春型和夏型（图188、图189）。春型体长21~28毫米，翅展70~90毫米。夏型体长27~30毫米，翅展105~108毫米。成虫后翅外缘有尾状突。卵为圆球形，淡黄色至褐黑色。幼虫初孵出时为黑色鸟粪状，老熟幼虫体长38~48毫米，绿色。蛹近菱形，长30~32毫米，淡绿色至暗褐色。

（2）生活习性

一年发生6代，以蛹越冬，田

图188 柑橘凤蝶幼虫（蔡明段 摄）

间世代重叠。3月开始出现，5月以后发生较多，以夏、秋新梢抽吐时为发生高峰。成虫白天交尾，产卵于嫩叶背或叶尖。幼虫遇惊时，即伸出臭角发出难闻气味，以避敌害。老熟后即吐丝作垫头，斜向悬空化蛹。

图189 柑橘凤蝶成虫

（3）防治方法

①人工捕杀幼虫、卵、蛹及成虫。

②保护凤蝶金小蜂、凤蝶赤眼蜂等寄生蜂天敌，利用天敌防治柑橘凤蝶。

③药剂防治。用48%乐斯本乳油800~1 000倍液、2.5%功夫乳油3 000~4 000倍液、90%敌百虫晶体500~1 000倍液、80%敌敌畏乳油1 000倍液或青虫菌（100亿/克）1 000~2 000倍液。

21. 角肩椿象

又称角肩蝽、臭屁虫。果实被角肩椿象刺吸后会引起大量落果

图 190　角肩椿象若虫

（图 190）。若刺吸果的时间短，虽不引起落果，但果实成熟后被害部分组织硬化，不堪食用。

（1）形态特征

成虫绿色，长盾形。若虫椭圆形，经 4 次蜕皮，5 龄才长成为成虫。卵淡绿色，常 14 粒 1 块排列于叶面上。

（2）生活习性

每年发生 1 个世代，以成虫越冬，4 月后越冬成虫恢复活动。成虫多在 15：00~16：00 交尾，此时最易捕捉。5 月开始产卵，6—7 月产卵最多，是盛发期。11 月以后进入越冬状态。

（3）防治方法

①捕杀成虫。4—5 月，15：00~16：00 捕杀或早上露水未干时捕杀。

②摘卵块。6—7 月，摘除幼树上的卵块，同时捕杀还未分散取食的 1 龄幼虫。

③药剂防治。若虫 3 龄以前，喷 90% 敌百虫晶体 500~600 倍液，另加 0.2% 洗衣粉作展着剂，或喷 80% 敌敌畏乳油 1 000 倍液。

图 191　柑橘芽瘿蚊为害状（蔡明段　摄）

22. 柑橘芽瘿蚊

主要以幼虫为害柑橘类春芽，被害春芽受刺激膨大呈虫瘿状，幼叶不能正常展开，严重时枯萎脱落（图 191）。

（1）形态特征

雌成虫体长 1.5 毫米，翅展 3 毫米，橙红色，全体密生细毛。幼虫共 3 龄，老熟幼虫乳白色，纺锤形，体长 1 毫米。

（2）生活习性

柑橘芽瘿蚊一年发生 3~4 代，世代重叠，以老熟幼虫自被害芽弹跳入土越冬。翌年 1 月上旬开始羽化出土，产卵于未绽开的嫩芽上，1 月田间便可见其为害状。老熟幼虫弹跳入 1~2 厘米土层中活动，耐水淹（在水中淹没 11 天而不死），也耐干旱（干旱 5 天仍可成活），能在土中结茧，度过大半年时间，直至翌年初才化蛹，羽化为成虫。

（3）防治方法

①农业防治。翻土灭蛹，在冬春季浅锄树冠下表土，立即撒甲敌粉毒土（1.5~2 千克甲敌粉混细土 20~25 千克，可撒施 1 亩园地）或 25% 虫螨灵毒土（虫螨灵 5 倍液喷于 20~25 千克细土配成）。撒土时间应在初春越冬成虫出土前（植株萌芽前）或幼虫入土初（枯芽或烂芽初期）进行，结合疏芽及时摘除被害芽集中烧毁。

②药物防治。在春芽萌发初期，成虫初见时喷药护芽，可喷 48% 乐斯本乳油 800~1 000 倍液、80% 敌敌畏乳油 800~1 000 倍液、25% 杀螟腈乳油 800~1 000 倍液、20% 辛马乳油 1 500 倍液或 90% 敌百虫晶体 1 000 倍液加 40% 水胺硫磷乳油 1 000 倍液。

四、砂糖橘果实采收、保鲜与贮运技术

砂糖橘生产的最后工作是果实商品化处理，包括采收、保鲜处理、分级、包装与标志、贮运等一套完整操作规范。这是提高砂糖橘商品性最重要的一环，除包装要美观外，果实品质也要符合国家食品安全卫生标准规定。

（一）果实采收

1. 适期采收

果皮完全着色，淡橘红色至橘红色为砂糖橘果实固有色泽。用于贮藏或早期上市的果品，在淡橘红色时采收。果实可溶性固形物含量10.5%~15.0%，固酸比20.0~65.0，达到砂糖橘适熟期采收行业标准。11月下旬果实已转淡橘红色，可先熟先采，分期、分批采收，以减轻树体负担，恢复树势，促进花芽分化，并可避免采收过度集中，减轻销售压力，及早回笼资金。春节前后是销售旺季，销量大，价格好，很多生产者应用树上留果保鲜技术，生产供应春节的"叶橘"。因为正值霜冻季节，有一定的风险，要严格执行树上留果保鲜技术措施，以保障丰产丰收。

2. 采收条件

采收前10天左右停止灌水，雨天、雾天果面水分未干时或打雷、刮大风天气，不宜采收，以保证果品质量，有利于贮运和保鲜。

3. 采收操作

宜用复剪法采收：第一剪离果蒂2厘米左右处剪下，再齐果蒂复剪一刀，剪平果蒂，萼片要完整，以果柄不刺手为度，可避免果间相互碰撞刺伤。橘剪必须圆头平口，刀口锋利。采果时用布袋装果，然后倒入果筐，果筐的内壁要衬上平滑的编织布或草垫、麻包袋等。采果人员戴软质手套，采果时轻拿轻放，避免机械伤。采后放在阴凉处待运。

当前市场需要的砂糖橘要求一果带两片绿叶，谓之"叶橘"。采收时在果柄带两片绿叶处剪下。但"叶橘"有果柄，在贮运过程中易碰伤果皮，不耐贮存，故"叶橘"必须就地销售或快速运往已签合同的市场销售，避免积压果品而引起烂果，蒙受经济损失。

（二）保鲜或商品化处理

无公害果品是我国安全质量和市场准入的最低标准，在保鲜处理等环节中有具体规定。现收录如下：

1. 清洗液

砂糖橘清洗用水按 GB5749 生活用水质标准规定执行。清洗液允许加入清洁剂、保鲜剂、防腐剂、植物生长调节剂等。赤霉素（九二〇）浓度 20 毫克 / 千克；杀菌防腐剂多菌灵、托布津、抑霉唑、噻菌灵、双胍盐浓度在 500~1 000 毫克 / 升，不得使用 2,4-D。药物处理后 30天内不得上市。而"叶橘"因上市时间短，一般不用药物处理，采摘后直接上市，经药物处理，要符合国家（柑橘鲜果安全卫生指标）NY5014 的规定。

2. 清洗操作

果实采收后当天进行清洗，可采用手工清洗或机械清洗。带叶果实宜人工操作。操作人员应戴软质手套，采后立即放入内衬软垫的筐或网中，浸入装有 500 毫克 / 升多菌灵与 20 毫克 / 升赤霉素的混合液中，浸湿即捞出沥干，晾干后用软布擦净或包装贮运，是传统的简易做法。砂糖橘皮薄，油胞突起，机械易将表皮磨伤，特别要注意选用不会擦伤果皮的机械。

3. 风干

清洗后应尽快晾干或风干果面水分，可采用自然晾干或热风干燥。

采用自然晾干时，可加抽、送风设备，加强库房的空气流通；热风干燥时不得超过 45℃，至果面基本干燥即可。

4. 打蜡

（1）打蜡条件

剥皮食用砂糖橘所用蜡液和卫生指标按 NY/T869—2004 的规定执行。果实打蜡前果面应清洁、干燥。打蜡后必须在一个半月内销售完毕，以免因无氧呼吸而产生酒味，最好在销售前进行打蜡。

（2）打蜡方法

有人工打蜡和机械打蜡。前者适用于量少或带叶果实，用海绵或软布等蘸上加入防腐剂的蜡液均匀涂于果面；不带枝叶和数量大的宜用机械打蜡。

5. 果实分级

执行农业部 NY/T869—2004 砂糖橘分级标准"表 1　果品理化指标"和"表 2　果品感官质量指标"，具体见附录。果实大小达到规定级别，但质量指标只达到下一个级别时，则果实降一个质量等级。

果实的横径用分级板或分级圈手工分级，也可用机械横径自动分级。果重用称重法计量。广东省大型砂糖橘包装场（厂）对未带叶的砂糖橘果实，已采用打蜡包装机生产线。全部工艺流程［原料→漂洗→清洁剂清洗→清水清洗→冷风干燥→涂蜡（或喷涂允许加入杀菌剂的蜡液）→擦亮→热风干燥→选果→分级］都由机器完成，只是根据客户或市场需求生产"叶橘"时，才采用手工操作。

6. 包装

按市场需要，用塑料筐装运较多。而用瓦楞纸箱的产品包装，则按 GB/T13607 规定执行，标志按照 GB191—2000 规定执行。

7. 运输与贮藏

运输要求便捷，轻拿轻放，空气流通，严禁日晒雨淋、受潮、虫蛀、鼠咬。运输工具要清洁、干燥、无异味。远途运输需具防寒保暖设备，防冻伤。贮藏使用常温贮存，按 GB/T10547 规定执行。

冷库贮存，经预冷后达到 8℃左右，保持库内温度 8℃和相对湿度 85%~90%。

附录1　砂糖橘幼年树周年管理历

1月（小寒—大寒）

1. 气候　是全年最冷月份，经常出现低温霜冻和大风天气。

2. 物候期　相对休眠期或春芽萌动期。

3. 主要工作内容

（1）做好立春种植的整地、定点、挖植穴、施基肥等工作。

（2）注意防旱、防寒，进行 10~15 厘米中耕，树盘覆盖杂草、芒萁、禾草。有冻害果园注意防寒。

（3）冬季清园，喷药消灭越冬病虫，人工摘除溃疡病叶和虫蛹。结合进行整形修剪工作。

（4）山地果园修整梯田，平地果园修沟培土。

（5）1月中旬花芽已经形成，计划不试产树，可将树冠末次梢顶端几个芽剪去。

2月（立春—雨水）

1. 气候　气温开始回升，经常出现低温阴雨天气。

2. 物候期　春芽萌动期，根系开始生长。

3. 主要工作内容

（1）施春芽肥，撒施石灰于树盘周围。

（2）春芽萌发前种植新橘苗或补植，遇春旱要注意淋水、覆盖、保湿。

（3）继续果园松土，修整果园沟渠。

（4）山地开梯田整地、定点、挖植穴、施基肥。平地果园采用三级排灌系统开园整地，筑墩，培畦，施基肥，做好立春前种植准备。

（5）抹除幼年树主干及主枝上不定芽，在花蕾露白时抹除花蕾，若花多可在开花露花柱时喷药疏除。

（6）喷药防治柑橘红蜘蛛、木虱、粉虱、蚜虫，及时喷杀菌剂预防炭疽病、溃疡病等。

3月（惊蛰—春分）

1．气候　气温继续回升，经常出现低温阴雨天气或春旱。

2．物候期　春梢生长期，根系生长较快。

3．主要工作内容

（1）幼树施壮春梢肥，喷根外追肥，以农家肥为主。

（2）大寒至立春种植的果园或补种树，开始施春芽肥，以氮肥为主。

（3）整地施基肥，播种花生、黄豆、绿肥等间种作物。

（4）继续疏除主干上的不定芽，摘除花朵。

（5）贯彻"一梢二药"，喷杀菌剂防溃疡病、炭疽病，结合喷杀虫剂防金龟子、蚜虫、木虱、粉虱等害虫。

4月（清明—谷雨）

1．气候　气温继续升高。

2．物候期　春梢老熟期，根系第1次生长高峰。

3．主要工作内容

（1）大寒至立春种植的幼树施壮春梢肥，以复合肥为主，并喷施根外追肥，促梢转绿充实。

（2）继续抹除主干上的不定芽，摘除花朵。树干缚薄膜或扎松针防土狗或鼠害。

（3）果园疏沟，做好排水准备。

（4）春梢老熟后种植新橘树，果园整地起畦，播种绿肥。

（5）喷药防治红蜘蛛、木虱、潜叶蛾、蚜虫，喷杀菌剂防炭疽病、溃疡病。

5月（立夏—小满）

1．气候　气温升高快，开始出现汛期，注意防洪。

2．物候期　早夏梢萌发期。

3．主要工作内容

（1）施促早夏梢肥，以氮肥为主。铲除树盘及株间杂草，结合收割间种绿肥，压青改土。

（2）抹芽控梢，4~6天抹一次早夏梢，直到全园八成植株和单株树上八成枝条萌芽时放梢。疏梢在梢长5厘米左右进行，实行"一开二三"放梢，疏除多余和位置不当的新芽。

（3）及时排除果园积水，山地果园做好水土保持工作。

（4）防治早夏梢病虫害，注意防治潜叶蛾、木虱、粉虱、红蜘蛛及溃疡病、炭疽病，捕捉天牛成虫。

6月（芒种—夏至）

1．气候　进入高温天气，是防洪的主要时期。

2．物候期　夏梢生长期，夏梢老熟后根系第2次生长高峰期。

3．主要工作内容

（1）施早夏梢壮梢肥，喷施根外追肥促早夏梢老熟。

（2）施迟夏梢促梢肥，采用抹芽控梢，以"一开二三"放梢技术放好迟夏梢。

（3）放梢果园，以防治潜叶蛾为重点，结合防治木虱、蚜虫、凤蝶幼虫，喷药防治炭疽病、溃疡病。

（4）割间种绿肥和铲除畦面杂草，进行植株压青改土。

7 月（小暑—大暑）

1．气候　是全年最热的月份，也是暴雨季节。

2．物候期　迟夏梢生长期。

3．主要工作内容

（1）施迟夏梢壮梢肥，以复合肥或水肥为主，加强根外追肥促夏梢转绿充实。

（2）注意排水防涝，果园树盘、株间铲草，松土后树盘加厚覆盖或压青改土。

（3）喷药防治红蜘蛛、木虱、粉虱及溃疡病，人工捕捉天牛及灌药封塞虫孔。

8 月（立秋—处暑）

1．气候　气温持续高温，台风次数较多。

2．物候期　迟夏梢老熟，早秋梢萌发。

3．主要工作内容

（1）加强根外追肥，促迟夏梢尽快充实老熟。

（2）施促早秋梢肥，采用"一梢三肥"方法，有机肥可提早 1 个月施，氮肥则在放梢前半个月施用。隔 15~20 天施复合肥为主的壮梢肥。

（3）次年挂果幼树，秋梢安排在处暑前后放，采用短截促梢、抹芽控梢、疏梢等技术，确保单株放出百条以上的标准秋梢。

（4）1~2 年生植株可适当在处暑后放梢，气温低、干旱的地方则可在处暑放梢。放梢技术参照迟夏梢。

（5）继续进行树盘四周覆盖、培土，防秋旱，抗旱。

（6）以防治潜叶蛾为重点，结合防治介壳虫、木虱和粉虱类以及溃疡病、炭疽病。

9 月（白露—秋分）

1. 气候　气温开始下降，开始进入秋旱。

2. 物候期　早秋梢老熟期，迟秋梢萌发，根系进入第 3 次生长高峰。

3. 主要工作内容

（1）加强水肥管理，喷根外追肥促早秋梢老熟。

（2）平地或暖冬地区果园 1~2 年生树，为扩大树冠可施促放迟秋梢肥。

（3）果园铲草、松土、覆盖，及时进行灌溉，继续做好防旱抗旱工作。

（4）秋梢老熟期喷药防治红蜘蛛、介壳虫，兼治炭疽病。

10 月（寒露—霜降）

1. 气候　天气渐凉，进入秋旱季节，出现寒露风。

2. 物候期　迟秋梢转绿，根系继续生长。

3. 主要工作内容

（1）迟秋梢加强水肥管理，喷根外追肥，促梢转绿，次年计划挂果的果园，控抑迟秋梢萌芽。

（2）认真做好扩穴、增施大量有机肥工作。

（3）秋梢老熟后，有灌溉条件的地区，可进行种植，种后注意淋足定根水，用杂草、芒萁、稻草进行树盘覆盖防旱、保湿，半个月内淋水直至成活。

（4）秋梢老熟期喷药防治红蜘蛛、介壳虫，兼治炭疽病。

11 月（立冬—小雪）

1. 气候　气温急剧下降，小雪是寒潮开始的节气。

2. 物候期　迟秋梢老熟，冬梢开始萌发，花芽开始分化。

3．主要工作内容

（1）增施水肥及喷根外追肥促迟秋梢老熟。

（2）计划次年挂果的果园，秋梢老熟后喷多效唑抑冬梢及促花，隔半个月又喷 1 次，连喷 2 次。

（3）深翻株间土壤，继续做好树盘覆盖，秋植植株注意淋水保湿。

（4）通过深松土和适当控水，抑制冬芽萌发，个别树萌发冬芽时，摘除冬芽，防治红蜘蛛、蚜虫。

12 月（大雪—冬至）

1．气候　气温下降至出现霜冻。

2．物候期　相对休眠期，花芽分化期。

3．主要工作内容

（1）施越冬基肥。

（2）冬季清园，喷药防治越冬螨类、木虱、介壳虫、粉虱。

（3）注意防旱、防霜冻，保叶过冬。

（4）计划次年结果的果园，喷多效唑后叶色仍然浓绿的果园，可在 12 月上中旬环割促花。

（5）冬天短截末级梢，干旱年份（或山地果园），幼年植株容易出现大量花朵，翌年春摘花朵花工很多，翌年不挂果树，大寒后短截末级梢几个芽，可减少春梢摘花人工。

附录 2　砂糖橘结果树周年管理历

1 月（小寒—大寒）

1. 气候　是全年最冷月份，常出现低温霜冻和大风天气。

2. 物候期　花芽分化期，果实成熟期。

3. 主要工作内容

（1）促花。叶色浓绿树小寒前补割 1 次，继续控水。

（2）采收。果多树分期采收，减轻树体负担，恢复树势。

（3）清园修剪。挖除病树，包括将修剪的废枝与落叶、落果清出园外烧毁，及时喷药消灭越冬病虫。

（4）培土，松土，施促花肥，丰产果园结合灌水施用，初结果树不施促花肥。

2 月（立春—雨水）

1. 气候　气温开始回升，经常出现低温阴雨天气。

2. 物候期　春芽萌发，花蕾期。

3. 主要工作内容

（1）继续采收，采收后立即灌水，施速效促花壮花肥，抓紧进行清园、修剪工作。

（2）花蕾期初挂果树按花量施壮花肥，全面喷施硼、锌、镁等营养元素叶面肥。

（3）迟采收的来不及清园，也要根据果园病虫情况及时喷药，以防止越冬病虫为害春梢。

3 月（惊蛰—春分）

1. 气候　气温继续回升，经常出现低温阴雨天气或春旱。

2. 物候期　春梢生长期，开花期。

3. 主要工作内容

（1）抹梢。花少梢多的植株要抹去部分营养春梢，按"三除一"或"五除二"的比例，除去密集的营养春梢，并对长度超过 15 厘米的旺长春梢摘心，花期 4~5 天摇一次花。

（2）谢花肥。3 月下旬在花谢 2/3 时对花多的树施复合肥、硼肥、硫酸镁及硫酸锌等肥料，花少的树则不施此次肥。

（3）灌水与排水。久旱不雨，叶片微卷的要灌水壮花保果；多雨积水时及时排水。

（4）花期一般不喷药，要喷亦要经过试用后才可大面积使用，确保安全。

（5）施石灰。施谢花肥前 10 天趁阴雨天全园撒施石灰，每株500~1 000 克。

4 月（清明—谷雨）

1. 气候　气温继续升高。

2. 物候期　谢花期，第一次生理落果期，根系生长第 1 次高峰期。

3. 主要工作内容

（1）保果：果少树可在谢花时喷赤霉素保果或环割保果，喷药时加入核苷酸或叶面肥。花多树则以喷营养液为主，待第一次生理落果结束，按植株挂果量不同，分别进行喷保果药赤霉素、环割主干或主分枝保果。

（2）喷药防治病虫害：选择对幼果安全的药剂，针对红蜘蛛、锈蜘蛛、炭疽病、溃疡病、黄斑病及时用药。

（3）雨季开始，修沟排水，防止果园积水，植株烂根，引起落果。

5 月（立夏—小满）

1. 气候　气温升高快，开始出现汛期，注意防洪。

2. 物候期　第二次生理落果期，小果发育期，夏梢抽发期。

3. 主要工作内容

（1）继续喷保果药剂赤霉素，坚持抹除夏梢保果。未环割保果的树，要在第二次生理落果前环割。叶面喷多元微肥或核苷酸等营养液，增强营养。

（2）防旱、防晒，做好树盘覆盖，及时排除积水。

（3）防治红蜘蛛、锈蜘蛛、炭疽病、黄斑病等。

（4）丘陵山地果园深施有机质肥改土。

6 月（芒种—夏至）

1. 气候　进入高温天气，是防洪的主要时期。

2. 物候期　夏梢生长期，生理落果期，果实膨大期。根系进入第二次生长高峰期。

3. 主要工作内容

（1）继续摘除夏梢，控夏梢保果。

（2）施钾肥促小果膨大，并适当加入少量硫酸镁及硼肥，对以果压梢的结果多的树，适量施复合肥或淋施花生麸水，其他植株不施肥。

（3）大雨后果园应及时排除积水，防止烂根。

（4）防治红蜘蛛、锈蜘蛛、粉虱、介壳虫、木虱、炭疽病。

（5）丘陵山地果园继续深施有机肥改土。

7 月（小暑—大暑）

1. 气候　是全年最热的月份，也是暴雨季节。

2. 物候期　果实膨大期，夏梢期。

3. 主要工作内容

（1）继续摘除夏梢，直至放秋梢。

（2）重施攻秋梢肥，占全年总施肥量的40%，为避免一次施速效肥过多而引起落果、裂果，采用"一梢三肥"方法施用。

（3）放梢前10~15天做好夏剪，短截促秋梢，一般老龄树、丰产树在大暑至立秋前放秋梢。

（4）防治柑橘潜叶蛾、木虱、粉虱、红蜘蛛、锈蜘蛛。

8月（立秋—处暑）

1. 气候　持续高温，台风次数较多。

2. 物候期　秋梢生长期，果实膨大期。

3. 主要工作内容

（1）成年结果树立秋前后放秋梢，幼年结果树处暑前后放秋梢，仍在放梢前10~15天夏剪促梢，采用"一开三"的放梢技术。

（2）保护秋梢，防治潜叶蛾、粉虱、柑橘木虱、蚜虫及炭疽病等新梢病虫害。

（3）注意防旱保湿，遇秋旱灌（淋）水促梢。

9月（白露—秋分）

1. 气候　气温开始下降，开始进入秋旱季节。

2. 物候期　秋梢转绿充实期，果实迅速膨大期，裂果初期。根系进入第三次生长高峰期。

3. 主要工作内容

（1）施壮果壮梢肥，促果迅速膨大。以有机肥为主，配合钾肥，在梢自剪期施用。新梢转绿时要喷镁、硼等多元微肥，防止秋梢缺镁、硼症发生。

（2）防治柑橘红蜘蛛、锈蜘蛛、黄斑病、炭疽病。

（3）注意防秋旱，做好覆盖保湿，避免骤干骤湿、久旱降雨引起初期裂果。

10 月（寒露—霜降）

1. 气候 天气渐凉，进入秋旱，出现寒露风。

2. 物候期 果实迅速膨大期，秋梢老熟期。

3. 主要工作内容

（1）秋旱期继续灌（淋）水，促果实迅速膨大，并适当配合施磷钾肥及喷叶面肥，以提高果实品质。

（2）防治柑橘红蜘蛛、锈蜘蛛、粉虱、炭疽病、黄斑病。

（3）做好高产树的支撑护果工作。

11 月（立冬—小雪）

1. 气候 气温急剧下降，小雪是寒潮开始的节气。

2. 物候期 果实转色开始，花芽分化开始。

3. 主要工作内容

（1）防旱，继续灌水、喷水，覆盖保湿，防止秋旱落叶。

（2）适当淋施花生麸水或复合肥水，增加树体营养，以利于花芽分化及树上留果。

（3）控冬梢可在秋梢转绿充实后环割，或喷 15% 多效唑 300 倍液（即 500 毫克 / 升）。若遇 10 月小阳春天气，冬梢抽发数量多，要施速效肥，喷施根外肥，促梢充实，数量少时则要摘除。

（4）防治柑橘红蜘蛛、锈蜘蛛。

（5）粤西产区，11 月下旬开始，先熟先采，分期采收，采果前 10 天停止灌水。

12 月（大雪—冬至）

1. 气候 气温下降至霜冻出现。

2. 物候期 花芽分化期，果实成熟期。

3. 主要工作内容

（1）树上留果保鲜植株施采前肥，增强树势，保叶过冬，既要保证果实需要营养，又要保证花芽分化有足够营养。

（2）促花。对叶色浓绿的壮旺树，仍需喷布多效唑；亦可在12月上旬环割主分枝一圈促花，环割后半个月仍未见叶色褪绿的，可再环割一圈。环割应掌握在冷空气过后进行。

（3）遇干旱果园继续灌水，对早采收树在采前10天停止灌水。丰产树要分期采收，以恢复树势。

附录3 农业部行业标准 NY/T 869—2004 砂糖橘

1 范围

本标准规定了砂糖橘的定义、质量要求、试验方法、检验规则，以及包装、标志、运输和贮藏。

本标准适用于砂糖橘鲜果。

2 规范性引用文件

下列文件中的条款通过本标准的引用而成为本标准的条款。凡是标注日期的引用文件，其随后所有的修改单（不包括勘误的内容）或修订版均不适用于本标准，然而，鼓励根据本标准达成协议的各方研究是否可使用这些文件的最新版本。凡是不标注日期的引用文件，其最新版本适用于本标准。

GB 191—2000　包装贮运图示标志

GB 6543—86　瓦楞纸箱

GB 8855　新鲜水果和蔬菜的取样方法

GB 10547　柑橘贮藏

GB 14875　食品中辛硫磷农药残留量的测定方法

GB/T 5009.11　食品中总砷的测定方法

GB/T 5009.12　食品中铅的测定方法

GB/T 5009.17　食品中汞的测定方法

GB/T 5009.20　食品中有机磷农药残留量的测定方法

GB/T 5009.38　蔬菜、水果卫生标准的分析方法

GB/T 8210　出口柑橘鲜果检验方法

GB/T 13607　苹果、柑橘包装

GB/T 14877　食品中氨基甲酸酯类农药残留量的测定方法

GB/T 17331　食品中有机磷和氨基甲酸酯类农药多种残留的测定方法

GB/T 17332　食品中氯和拟除虫菊酯类农药

GB/T 17333　食品中除虫脲残留的测定

NY 5014　无公害食品 柑橘

SN 0520—96　出口粮谷中烯菌灵残留量检验方法

SN 0606—96　出口乳及乳制品中噻菌灵残留量检验方法

3　术语和定义

下列术语和定义适用于本标准：

3.1　果蒂完整（calyx entirety）

果实采收后，留在果实上的果蒂具有平整的果梗和萼片。指采摘果实时，用果剪齐果蒂处剪平齐。

3.2　腐烂果（decay fruit）

遭受病原菌的侵染，细胞的中胶层被病原菌分泌的酶所分解，导致细胞分离、组织崩溃，部分或全部丧失食用价值的果实。

3.3　缺陷果（defect fruit）

果实在生长发育、采摘和采后过程中受物理、化学或生物作用，造成外观质量或内在品质上存在缺陷的果实。

3.4　裂果（dehiscent fruit）

果面皮层出现开裂的果实。

3.5　日灼伤（sun scald）

果实受烈日照射后果皮被灼伤后形成的干疤。

3.6　网纹（sparse vermiculated mottle）

分布在果实表面的网状纹痕。

3.7　深疤（deep scar）

果皮上凹陷较深且大、已木栓化的疤痕。

3.8　煤烟菌迹（sooty mould pollution）

煤烟病菌覆盖在果面形成的一层似煤烟的黑色物质。

3.9　成熟度（ripe degree）

指果实发育到可供食用的程度。

3.10　水肿（watery breakbown）

果皮色淡饱胀，果有异味，是贮藏生理性病害。

3.11　枯水（granu lamion）

果实贮藏时发生皮发泡，皮肉分离，汁胞失水干枯的生理性病害。

3.12　冻伤（freezing injury）

不适宜的低温使果实产生汁胞枯水的受冻伤现象。

4　要求

4.1　分级标准

按表1、表2执行。

表1　果品理化指标

项目	一级	二级	三级
可溶性固形物/%	12.0	12.0~11.0	11.0~10.0
柠檬酸/%	0.35	0.35~0.40	0.40~0.50
固酸比	34	34~27	27~20
可食率/%	75	75~70	70~65

表2　果品感官质量指标

项目	一级	二级	三级
果形	扁圆形、果顶微凹、果底平、形状一致	扁圆形、果顶微凹、果底平、形状较一致	扁圆形、果顶微凹、果底平、果形尚端正、无明显畸形

（续表）

项目	一级	二级	三级
果蒂	果蒂完整、鲜绿色	95%的果实果蒂完整	90%的果实果蒂完整
色泽	橘红色	淡橘红色	浅橘红色
果面	果面洁净、油胞稍凸、密度中等、果皮光滑；无裂口、深疤、硬疤；网纹、锈螨危害斑、青斑、溃疡病斑、煤烟菌迹、药迹、蚧点及其他附着物的数量，单果斑点不超过2个，每个斑点直径不超过2毫米	果面洁净、油胞稍凸、密度中等、果皮光滑；无深疤、硬疤、裂口；斑痕、网纹、枝叶磨伤、砂皮、青斑、油斑、病斑、煤烟病菌迹、药迹、蚧点及其他附着物的数量，单果斑点不超过4个，每个斑点直径不超过3毫米	果面洁净、油胞稍凸、密度中等、果皮光滑；无深疤、硬疤、裂口；斑痕、网纹、枝叶磨伤、砂皮、青斑、油斑、病斑、煤烟病菌迹、药迹、蚧点及其他附着物的数量，单果斑点不超过6个，每个斑点直径不超过3毫米

4.2 级内果基本条件

4.2.1 有机械伤和虫伤以及腐烂果、枯水、褐斑、水肿、冻伤、日灼等病变和其他呈腐烂的病果不得入级内。

4.2.2 级内果不得有植物检疫病虫害。

4.3 安全卫生指标

应符合表3的规定。

表3 柑橘鲜果安全卫生指标

项目名称	指标／（毫克·千克$^{-1}$）
多菌灵（carbendazim）	≤0.5
抑霉唑（imazslil）	≤5.0
噻菌灵（thiabendazole）	果肉≤0.4，全果≤10
甲基托布津（thiophanatemethyl）	≤10.0
砷（以As计）	≤0.5
铅（以Pb计）	≤0.2
汞（以Hg计）	≤0.01
毒死蜱（chlorpyrifas）	≤1.0
杀扑磷（methidathion）	≤2.0

（续表）

项目名称	指标
氯氟氰菊酯（cyhalothrin）	≤0.2
氯氰菊酯（cypermethrin）	≤2.0
溴氰菊酯（deltamerthrin）	≤0.1
氰戊菊酯（fenvalerate）	≤2.0
敌敌畏（dichlorvos）	≤0.1
乐果（dimethoate）	≤2.0
喹硫磷（quinalphos）	≤0.5
除虫脲（diflubenzuron）	≤1.0
辛硫磷（phoxim）	≤0.05
抗蚜威（pirimicarb）	≤0.5

注1：禁止使用的农药和植物生长调节剂在橘果中不得检出。

注2：未标测样的为全果指标。

4.4　容许度

4.4.1　重量差异

产地站台交接，每件净重不低于标示重量的1%。

4.4.2　大小差异

邻级果以个数计算，一级果不得超过3%，二级果不得超过5%，三级果不得超过8%。不得有隔级果。

4.4.3　腐烂果

起运点不允许有腐烂果，到达目的地不超过3%，碰伤、冻伤果不超过1%。

4.4.4　缺陷果

按重量计算一级不超过本标准规定1%，二级、三级不得超过3%。

5　试验方法

5.1　感官指标检测

5.1.1　果形

按 GB/T 8210 标准执行。

5.1.2　果面

按 GB/T 8210 标准执行。

5.2　果实理化指标检测

5.2.1　可溶性固形物

按 GB/T 8210 标准执行。

5.2.2　柠檬酸含量

按 GB/T 8210 标准执行。

5.2.3　固酸比计算

按 GB/T 8210 标准执行。

5.2.4　可食率

按 GB/T 8210 标准执行。

5.2.5　果实大小

果实横径用分级板或分级圈手工检测，也可用机械横径检测；果重用称重法检测。

5.3　卫生指标检测

5.3.1　砷的测量

按 GB/T 5009.11 规定执行。

5.3.2　铅的测量

按 GB/T 5009.12 规定执行。

5.3.4　抑霉唑的测量

参照 SN 0520—96 规定执行。

5.3.5　噻菌灵的测定

参照 SN 0606—96 规定执行。

5.3.6　多菌灵、甲基托布津的测定

按 GB/T 5009.38 规定执行。

5.3.7　毒死蜱、杀扑磷的测定

按 GB/T 17331 规定执行。

5.3.8 氯氟氰菊酯、氯氰菊酯、溴氰菊酯、氰戊菊酯的测定

按 GB/T 17332 规定执行。

5.3.9 敌敌畏、乐果、喹硫磷的测定

按 GB/T 5009.20 规定执行。

5.3.10 除虫脲的测定

按 GB/T 17333 规定执行。

5.3.11 辛硫磷的测定

按 GB 14875 规定执行。

5.3.12 抗蚜威的测定

按 GB/T 14877 规定执行。

6 检验规则

6.1 组批规则

按 GB 8855 规定执行。

6.2 抽样方法

按 GB 8855 规定执行。

6.3 检验期限

货到产地站台 24 小时以内检验，货到目的地 48 小时以内检验。

7 包装与标志

7.1 包装

有包装的产品按 GB/T 13607 规定。

7.1.1 瓦楞纸箱

瓦楞纸箱按 GB 6543—86 执行。

7.1.2 净重

按需分大、中、小箱称重，大箱净重不超过 20 千克。

7.2 标志

按照 GB 191—2000 规定。

8 运输与贮藏

8.1 运输

8.1.1 运输要求

要求便捷，轻装轻卸，空气流通，严禁日晒雨淋、 受潮、虫蛀、鼠咬。

8.1.2 运输工具

装运舱应清洁、干燥、无异味。远途运输需具控温设施，防冻伤。

8.2 贮藏

8.2.1 常温贮存

按 GB/T 10547 规定执行。

8.2.2 冷库贮存

经预冷后，达到温度 8℃左右，保持库内温度 5~8℃和相对湿度 85%~90% 下贮藏。